"十三五"国家重点出版物出版规划项目

名校名家基础学科系列
Textbooks of Base Disciplines from Top Universities and Experts

材料力学实验

主 编 卢智先 张霜银
副主编 郭 翔 张 纯

机械工业出版社

本书按照基本实验，综合性、思考性实验，以及提高型实验三个模块编写，包括破坏实验、基本力学性能测定实验、超静定实验、组合变形实验、弯曲叠梁、数字散斑实验、各向异性材料常数测定、真应力应变实验、薄壁实验、K_{Ic}测定、J_{Ic}测定和 $\mathrm{d}a/\mathrm{d}N$ 测定等 26 个实验内容；附录给出了实验数据处理方法和实验数据粗大误差剔除方法，列出了常用材料的基本力学性能参数和常用试验方法标准，对比了 GB/T 228 标准 1987 版和 2010 版术语符号的异同。

本书可用作多学时材料力学实验课程的教材，也可作为少学时材料力学实验课程的教材，同时也可供高年级学生或工程技术人员参考。

图书在版编目（CIP）数据

材料力学实验/卢智先，张霜银主编. —北京：机械工业出版社，2021.6

（名校名家基础学科系列）

"十三五"国家重点出版物出版规划项目

ISBN 978-7-111-67486-3

Ⅰ.①材… Ⅱ.①卢…②张… Ⅲ.①材料力学–实验–高等学校–教材 Ⅳ.①TB301-33

中国版本图书馆 CIP 数据核字（2021）第 024798 号

机械工业出版社（北京市百万庄大街 22 号　邮政编码 100037）
策划编辑：张金奎　责任编辑：张金奎
责任校对：李　杉　封面设计：鞠　杨
责任印制：常天培
北京虎彩文化传播有限公司印刷
2021 年 5 月第 1 版第 1 次印刷
184mm×260mm · 9.25 印张 · 222 千字
标准书号：ISBN 978-7-111-67486-3
定价：29.80 元

电话服务　　　　　　　　网络服务
客服电话：010 - 88361066　机 工 官 网：www.cmpbook.com
　　　　　010 - 88379833　机 工 官 博：weibo.com/cmp1952
　　　　　010 - 68326294　金 书 网：www.golden - book.com
封底无防伪标均为盗版　机工教育服务网：www.cmpedu.com

前　言

科学实验是进行科学创新的必经之路，教学实验是科学实验的基础。材料力学实验是理工科专业的重要技术基础实验课程，本课程的突出特点是实践性强、综合性强、工程应用性强。经过多年教学实践和几代人实验教学经验的积累，我们编写了本书。书中涉及的实验紧跟时代，多采用先进实验方法、先进仪器设备。

全书分为四章：第一章为基本实验，包括了破坏性实验和材料基本力学量的测定；第二章为综合性、思考性实验，包括了组合变形、超静定、数字散斑测应力等内容；第三章为提高型实验，包括了应变电测基础、各向异性材料力学性能测试、真应力应变测试和断裂力学参数 K_{IC}、J_{IC}、da/dN 的测试；第四章为实验仪器及设备，介绍了常用实验仪器设备的构造原理和使用方法，重点介绍了计算机控制下的加载设备。附录介绍了实验数据处理方法、误差传递和粗大误差剔除方法，给出了常用材料的基本力学性能参数、常用力学性能测试标准，对比了 GB/T 228 标准 1987 版与 2010 版的术语符号。

本书可用作 24~32 学时材料力学实验独立设课教材。因为各章节内容较为独立，因此也可供少学时课程使用，同时还可供高年级力学实验教学参考。

本书的编写得到了西北工业大学金宝森教授、矫桂琼教授、苟文选教授等的悉心指导，也得到了西安交通大学左宏教授、空军工程大学张忠平教授和西安建筑科技大学刘辉教授的帮助，西北工业大学王安强、黄涛、耿小亮以及长安大学拓宏亮等教师对本书的出版也做出了贡献，西北工业大学教务处对本书的出版给予了关怀和支持，在此一并表示衷心感谢。编者对为本书的出版提供帮助的老师们和我们书后所列参考文献的作者们深表谢意。

参加本书编写的有西北工业大学卢智先、张霜银、郭翔、张纯、汤忠斌、郭亚洲。

由于编者水平有限，书中错误和不妥难免，敬请广大读者批评指正。

编　者

目　　录

前言

第一章　基本实验 ··· 1

第一节　拉伸、压缩破坏实验 ··· 1

第二节　扭转破坏实验 ··· 8

第三节　剪切破坏实验 ··· 11

第四节　弯曲破坏实验 ··· 13

第五节　材料弹性模量 E 和泊松比 μ 的测定 ·· 17

第六节　材料切变模量 G 的测定 ·· 20

第七节　条件屈服强度 $\sigma_{0.2}$ 的测定 ··· 26

第八节　弯曲实验 ·· 28

第九节　压杆稳定实验 ··· 34

第十节　冲击实验 ·· 37

第十一节　疲劳实验 ·· 41

第十二节　光弹性实验 ··· 46

第二章　综合性、思考性实验 ·· 51

第一节　偏心拉伸实验 ··· 51

第二节　测定未知载荷实验 ·· 52

第三节　组合变形实验 ··· 53

第四节　超静定梁实验 ··· 60

第五节　超静定框架实验 ·· 62

第六节　用数字散斑图像技术测量应变演示实验 ··· 63

第三章　提高型实验 ··· 67

第一节　应变电测基础和应变片粘贴练习 ··· 67

第二节　各向异性材料弹性常数的测定 ·· 76

第三节　真应力 - 应变曲线的测定 ·· 79

第四节　薄壁构件实验 ··· 82

第五节　力、位移传感器的标定 ·· 84

第六节　金属材料平面应变断裂韧度 K_{Ic} 的测定 ······································· 87

第七节　金属材料延性断裂韧度 J_{Ic} 的测定 ··· 93

第八节　金属材料疲劳裂纹扩展速率 da/dN 的测定 ····································· 102

第四章　实验设备及仪器 ·· **110**

第一节　液压式万能试验机 ·· 110

第二节　机械摆式万能试验机 ·· 113

第三节　电子万能试验机 ·· 115

第四节　计算机控制的扭转试验机 ·· 117

第五节　疲劳试验机 ·· 119

第六节　引伸仪 ·· 122

附录 ·· **125**

附录 A　实验数据的直线拟合 ·· 125

附录 B　有效数字的确定及运算规则 ·· 126

附录 C　实验测量的误差传递 ·· 127

附录 D　常用材料的主要力学性能 ·· 133

附录 E　材料力学性能测试常用国家标准及其适用范围 ···························· 135

附录 F　GB/T 228 金属材料拉伸试验方法 1987 版与 2010 版术语符号对比 ·········· 137

参考文献 ·· **139**

第一章 基本实验

拉伸试验和压缩试验是研究材料力学性能的最基本试验，方法简单，数据可靠。工矿企业、研究所一般都用此类方法对材料进行出厂检验或进厂复检，用测得的 $\sigma_s(\sigma_{0.2})$、σ_b、δ、ψ 和 σ_{bc} 等指标来评定材质并进行强度、刚度计算。因此，对材料进行轴向拉伸和压缩试验具有工程实际意义。

不同材料在拉伸和压缩过程中表现出不同的力学性质和现象。低碳钢与铸铁分别是典型的塑性材料和脆性材料。

低碳钢材料具有良好的塑性，在拉伸试验中弹性、屈服、强化和颈缩四个阶段尤为明显和清楚。低碳钢材料在压缩试验中的弹性阶段、屈服阶段与拉伸试验基本相同，但低碳钢试样最后只能被压扁而不能被压断，无法测定其压缩强度极限 σ_{bc}。因此，一般只对低碳钢材料进行拉伸试验而不进行压缩试验。

铸铁材料受拉时处于脆性状态，其破坏是拉应力拉断。铸铁压缩时有明显的塑性变形，其破坏是由切应力引起的，破坏面是沿 $45° \sim 55°$ 的斜面。铸铁材料的抗压强度 σ_{bc} 远远大于抗拉强度 σ_b。通过铸铁压缩试验观察脆性材料的变形过程和破坏方式，并与拉伸结果进行比较，可以分析不同应力状态对材料强度、塑性的影响。

一、实验目的

1）观察分析低碳钢的拉伸过程和铸铁的拉伸、压缩过程，比较其力学性能。

2）测定低碳钢材料 σ_s、σ_b、δ、ψ；测定铸铁材料的 σ_b 和 σ_{bc}。

3）了解万能材料试验机的结构原理，能正确独立操作使用。

二、实验设备

1）电子万能试验机。

2）液压摆式万能试验机。

3）游标卡尺。

三、拉伸和压缩试样

试样的形状和尺寸对实验结果是有一定影响的。为了减少形状和尺寸对实验结果的影响，便于比较实验结果，应按统一规范制备试样。拉伸试样应按国标 GB/T 228.1 进行加工。压缩试样应按国标 GB/T 7314 进行加工。拉伸试样分为比例试样和定标试样两种。比例试样

应符合公式 $l_0 = k\sqrt{A_0}$。其中，l_0 为试样平行段标距，A_0 为试样初始横截面积，系数 k 为 5.65 或 11.3。对于直径为 d_0 的圆试样可取 $l_0 = 5d_0$（短试样）或 $10d_0$（长试样）。定标试样的 l_0 与横截面积 A_0 不必满足前述关系，l_0 的长短参照有关标准或协商确定。低碳钢试样，颈缩部分及其影响区的塑性变形在伸长率中占很大的比例。显然，同种材料的伸长率不仅取决于材质，而且还取决于试样的标距。试样标距越短，局部变形所占的比例越大，δ 也就越大。为了便于相互比较，测定伸长率应采用比例试样。用标距为 $10d_0$ 试样测定的伸长率记为 δ_{10}，用标距为 $5d_0$ 试样测定的伸长率记为 δ_5。国家标准推荐使用短比例试样进行测试。

一般拉伸试样采用哑铃状（特别是脆性材料），由工作部分（或称平行长度部分）、圆弧过渡部分和夹持部分组成，如图 1-1 所示。工作部分的表面粗糙度应符合国标规定，以确保材料表面的单向应力状态。平行长度段的有效工作长度即为标距 l_0，平行长度为 l，圆截面试样满足 $l \geq l_0 + d_0$，矩形截面试样满足 $l \geq l_0 + b_0/2$。圆弧过渡应有适当的圆角和台阶，脆性材料的圆角半径要比塑性材料的大一些，以减小应力集中，确保试样不会在该处断裂。试样两端的夹持部分用以传递拉伸载荷，其形状和尺寸要与试验机的钳口夹块相匹配。一般对于直接用钳口夹紧的试样，其夹持部分长度应不小于钳口深度的 4/5。

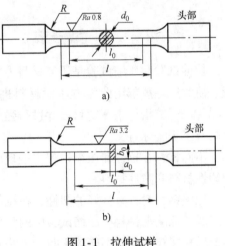

图 1-1　拉伸试样
a) 圆形试样　b) 矩形试样

压缩试样通常为柱状，横截面分为圆形和方形两种，如图 1-2 所示。试样受压时，两端面与试验机压头间的摩擦力很大，使端面附近的材料处于三向压应力状态，约束了试样的横向变形，试样越短，影响越大，实验结果越不准确。因此，试样应有一定的长度。但是，试样太长又容易产生纵向弯曲而失稳。金属材料的压缩试样通常采用圆试样。铸铁压缩试验时取 $l = (1 \sim 2)d_0$。

四、实验原理和方法

1. 低碳钢拉伸实验

在静拉伸试验中，通常可直接得到低碳钢试样的拉伸曲线，如图 1-3 所示。用准确的拉伸曲线可直接换算出应力-应变（$\sigma\text{-}\varepsilon$）曲线。首先将试样安装于试验机的夹头内，之后匀速缓慢加载（加载速度对力学性能是有影响的，速度越快，所测的强度值就越高），试样依次经过弹性、屈服、强化和颈缩四个阶段，其中前三个阶段是均匀变形的。

（1）弹性阶段　是指拉伸图上的 OA' 段，没有任何残留变形。在弹性阶段，载荷与变形是同时存在的，当载荷卸去后变形也就恢复。在弹性阶段，存在一比例极限点 A，对应的应力为比例极限 σ_p，此部分载荷与变形是成比例的，材料的弹性模量 E 应在此范围内测定。

（2）屈服阶段　对应拉伸图上的 BC 段。金属材料的屈服是宏观塑性变形开始的一种标志，是位错增值和运动的结果，是由切应力引起的。在低碳钢的拉伸曲线上，当载荷增加到一定数值时出现了锯齿现象。这种载荷在一定范围内波动，而试样还继续变形伸长的现象称

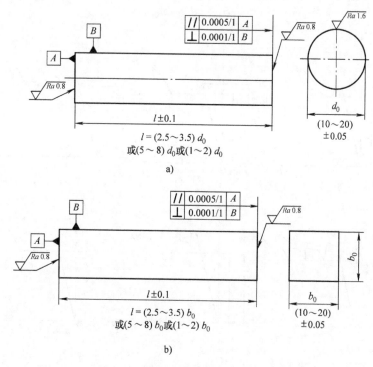

图 1-2　压缩试样

a）圆柱体试样　b）正方体试样

为屈服现象。屈服阶段中一个重要的力学性能就是屈服点。低碳钢材料存在上屈服点和下屈服点，如不加说明，一般都是指下屈服点。上屈服点对应拉伸图中的 B 点，记为 F_{SU}，即试样发生屈服而力首次下降前的最大力值。下屈服点记为 F_{SL}，是指不计初始瞬时效应的屈服阶段中的最小力值，注意对于液压摆式万能试验机由于摆的回摆惯性其初始瞬时效应尤其明显，而对于电子万能试验机或液压伺服试验机初始瞬时效应不明显。

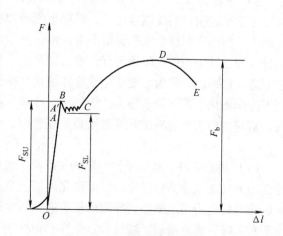

图 1-3　低碳钢拉伸曲线

一般通过指针法或图示法来确定屈服点，综合起来具体做法可概括为：当屈服出现一对峰谷时，则对应于谷低点的位置就是屈服点；当屈服阶段出现多个波动峰谷时，则除去第一个谷值后所余最小谷值点就是屈服点。图 1-4 给出了几种常见屈服现象和 F_{SU}、F_{SL} 的确定方法。用上述方法测得屈服载荷，分别用式（1-1）~式（1-3）计算出屈服点、下屈服点和上屈服点：

$$\sigma_s = F_S/A_0 \qquad (1-1)$$

$$\sigma_{SL} = F_{SL}/A_0 \qquad (1-2)$$

$$\sigma_{SU} = F_{SU}/A_0 \qquad\qquad (1\text{-}3)$$

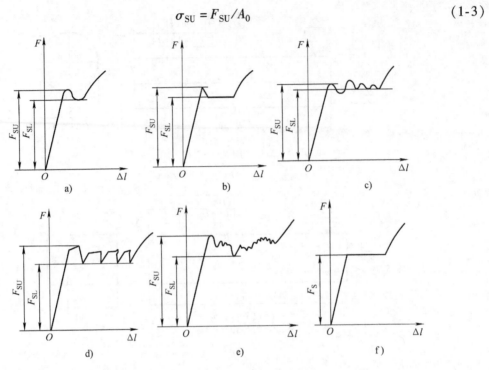

图 1-4　几种常见屈服现象

（3）强化阶段　对应于拉伸图中的 CD 段。变形强化标志着材料抵抗继续变形的能力在增强，这也表明材料要继续变形，就要不断增加载荷。在强化阶段如果卸载，弹性变形会随之消失，塑性变形将会永久保留下来。强化阶段的卸载路径与弹性阶段平行。卸载后重新加载时，加载线仍与弹性阶段平行。重新加载后，材料的比例极限明显提高，而塑性性能会相应下降。这种现象称为形变硬化或冷作硬化。冷作硬化是金属材料的宝贵性质之一。工程中利用冷作硬化工艺的例子很多，如挤压、冷拔、喷丸等。D 点是拉伸曲线的最高点，载荷为 F_b，对应的应力是材料的强度极限或抗拉极限，记为 σ_b，用式（1-4）计算：

$$\sigma_b = F_b/A_0 \qquad\qquad (1\text{-}4)$$

（4）颈缩阶段　对应于拉伸图的 DE 段。载荷达到最大值后，塑性变形开始局部进行。这是因为在最大载荷点以后，形变强化跟不上变形的发展，由于材料本身缺陷的存在，于是均匀变形转化为集中变形，导致形成颈缩。颈缩阶段，承载面积急剧减小，试样承受的载荷也不断下降，直至断裂。断裂后，试样的弹性变形消失，塑性变形则永久保留在破断的试样上。材料的塑性性能通常用试样断后残留的变形来衡量。轴向拉伸的塑性性能通常用伸长率 δ 和断面收缩率 ψ 来表示，计算公式为

$$\delta = (l_1 - l_0)/l_0 \times 100\% \qquad\qquad (1\text{-}5)$$

$$\psi = (A_0 - A_1)/A_0 \times 100\% \qquad\qquad (1\text{-}6)$$

式中，l_0、A_0 分别表示试样的原始标距和原始面积；l_1、A_1 分别表示试样标距的断后长度和断口面积。塑性材料颈缩部分的变形在总变形中占很大比例，研究表明，低碳钢试样颈缩部分的变形占塑性变形的 80% 左右，如图 1-5 所示。测定断后伸长率时，颈缩部分及其影响

区的塑性变形都包含在 l_1 之内，这就要求断口位置到最邻近的标距线大于 $\dfrac{l_0}{3}$，此时可直接测量试样标距两端的距离得到 l_1。否则就要用移位法使断口居于标距的中央附近。若断口落在标距之外则试验无效。

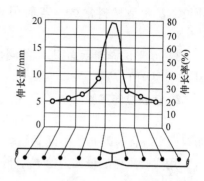

图 1-5 低碳钢试样塑性变形分布图

（5）几个问题讨论

1）断口移位法：当试样断口到最邻近标距端线的距离小于或者等于 $\dfrac{l}{3}$ 时，必须用断口移位法来计算 l_1。具体方法是，在进行试验前，先把试样在标距内 n 等份（一般 10 等份），并打上标记。拉断试样后，在长段上从拉断处 O 取基本等于短段格数得 B 点。若长段所余格数为偶数，则取其一半得 C 点，这时，$l_1 = AB + 2BC$（见图 1-6a）；若长段所余格数为奇数，则减 1 后的一半得到 C 点、加 1 后的一半得到 C_1 点，这时 $l_1 = AB + BC + BC_1$（见图 1-6b）。

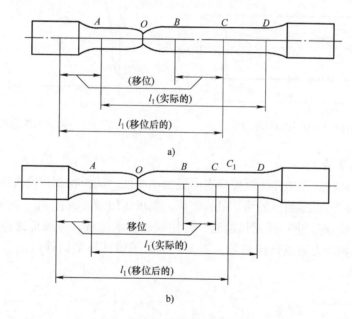

a)

b)

图 1-6 断口移位法示意图

2）试样标距对伸长率 δ 的影响：把试样断裂后的塑性伸长量 Δl 分成均匀变形阶段的伸长量 Δl_1 和颈缩阶段的伸长量 Δl_2 两部分。研究表明，Δl_1 沿试样标距长度均匀分布，Δl_2 主要集中于缩颈附近。远离缩颈处的变形较小，Δl_1 要比 Δl_2 小得多，一般 Δl_1 不会超过 Δl_2 的 5%。实验与理论研究表明，Δl_1 与试样初始标距长度 l_0 成正比，即 $\Delta l_1 = \alpha l_0$；Δl_2 与试样横截面积的大小 A_0 有关，即 $\Delta l_2 = \beta \sqrt{A_0}$，$\alpha$、$\beta$ 是材料常数。因此 $\Delta l = \Delta l_1 + \Delta l_2 = \alpha l_0 + \beta\sqrt{A_0}$，伸长率为

$$\delta = \Delta l / l_0 = (\alpha l_0 + \beta \sqrt{A_0})/l_0 = \alpha + \beta \sqrt{A_0}/l_0 \qquad (1\text{-}7)$$

由式（1-7）可知，对同一种材料，只有在试样的 $\sqrt{A_0}/l_0$ 值为常数的条件下，其断后

伸长率 δ 才是材料常数。若面积 A_0 相同时，l_0 大，则 δ 小；l_0 小，则 δ 反而大。故有 $\delta_5 > \delta_{10}$。

3）矩形试样断后面积 A_1 的测量：用颈缩处的最大宽度 b_1 乘以最小厚度 a_1 得到断后面积 A_1（见图 1-7）。

2. 铸铁拉伸实验

铸铁是典型的脆性材料，拉伸曲线如图 1-8 所示，可以近似认为经弹性阶段直接断裂。断裂面平齐且为闪光的结晶状组织，说明是由拉应力引起的。其强度指标也只有抗拉强度 σ_b，用实验测得的最大力值 F_b，除以试样的原始面积 A_0，就得到铸铁的抗拉强度 σ_b，即

$$\sigma_b = F_b / A_0 \tag{1-8}$$

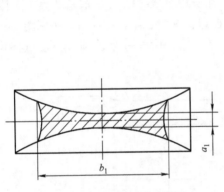

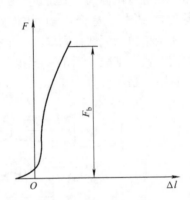

图 1-7　矩形断口测量示意图　　　图 1-8　铸铁拉伸曲线

3. 铸铁压缩实验

铸铁在压缩试验过程中，压缩曲线有明显的非线性。试样在到达最大压缩载荷时有明显的塑性变形，圆柱形被压缩成鼓形，最后破坏。测出压缩破坏载荷 F_b，同样按式（1-8）计算铸铁的抗压强度 σ_b。进行压缩试验时，常用球面支承加载，以保证试样端面与垫板均匀接触、均匀受压和压力通过试样轴线。图 1-9 给出了铸铁压缩试验时的支承、曲线和断口情况。

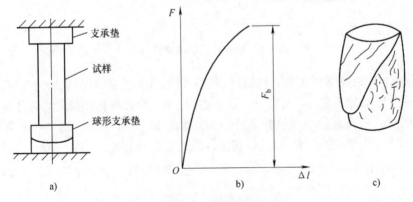

图 1-9　铸铁压缩实验

a）压缩试验时球形支承垫　b）铸铁压缩图　c）铸铁试样在压缩下的破坏图

五、实验步骤

(1) 试样准备 在低碳钢试样上划出长度为 l_0 的标距线，并把 l_0 分成 n 等份（一般 10 等份）。对于拉伸试样，在标距的两端及中部三个位置上，沿两个相互垂直方向测量直径，以其平均值计算各横截面面积，再取三者中的最小值为试样的 A_0。对于压缩试样，以试样中间截面相互垂直方向直径的平均值计算 A_0。

(2) 试验机准备 根据试样的材料和尺寸选择合适的量程和加载速度。

(3) 安装试样 按第四章相关试验机的操作步骤进行操作。

(4) 正式实验 点击计算机界面上的开始按钮缓慢加载。实验过程中，注意观察记录 F_S 值。屈服阶段后，适当加大速度直至试样断裂，停止实验，记录最大载荷 F_b。

(5) 关机取试样 试样破坏后，立即关机。取下试样，量取有关尺寸。观察断口形貌。

六、实验结果处理

以表格的形式处理实验结果。根据记录的原始数据，计算出低碳钢的 σ_s、σ_b、δ 和 ψ，以及铸铁的抗拉强度 σ_{bt} 和抗压强度 σ_{bc}。下面给出实验报告的一种格式，可供参考（见本节末尾"附"）。

七、预习要求

1）预习材料力学实验和材料力学教材有关内容，明确实验目的和要求。

2）了解试验机操作规程，预习第四章第一、二、三节。

3）设计实验数据记录表格。

八、思考题

1）本次实验自动绘制的低碳钢拉伸曲线中，横坐标量 Δl 与试样标距内的变形量是否一致，为什么？

2）什么情况下采用断口移位法？如何进行断口移位？

3）什么是比例试样？一根 $8\,\text{mm} \times 8\,\text{mm}$ 的板状试样，其标距应是多长？

4）材料和面积相同而标距长短不同的两根比例试样，其断后伸长率 δ_5 和 δ_{10} 是否相同？

5）实验时如何观察低碳钢的屈服点？测定 σ_s 时为何要对加载速度提出要求？初始瞬时效应在电子万能试验机上和液压万能试验机上的反映程度如何，为什么？

6）比较低碳钢拉伸、铸铁拉伸和压缩的断口，分析破坏的力学原因。

附 实验报告格式（仅供参考）

实验名称：   实验日期：   班级：   同组者：
报告人：   温度：   湿度：

1）实验目的。

2）实验用仪器设备：机（仪）器名称、型号、精度，量具名称、型号、精度。

3）实验原理方法简述。

4）实验步骤简述。

5）实验数据和结果处理（见表 1-1 和表 1-2）。

表 1-1　试样尺寸

实验材料名称	标距 l_0 /mm	试验前					试验后		
		直　径 d_0/mm				最小截面 A_0/mm²	断后标长 l_1/mm	缩颈直径 d_1/mm	缩颈面积 A_1/mm²
		①		②		③			
		平均		平均		平均			
低碳钢拉伸									
铸铁拉伸									
铸铁压缩									

表 1-2　实验数据和处理结果

受力形式	材料	强　度				塑　性	
		屈服载荷 F_s/kN	最大载荷 F_b/kN	屈服点 σ_s/MPa	抗拉（压）强度 σ_b/MPa	伸长率 δ（%）	断面收缩率 ψ（%）
拉伸							
压缩							

6）根据实验结果绘制应力 - 应变曲线以及试样断口草图。

7）分析讨论和回答思考题。

第二节　扭转破坏实验

工程中承受扭转的构件很多，如各类电动机轴、传动轴、钻杆等。材料在扭转变形下的力学性能，如扭转屈服点 τ_s、抗扭强度 τ_b、切变模量 G 等，是进行扭转强度计算和刚度计算的依据。本节将介绍 τ_s、τ_b 的测定方法及扭转破坏的规律和特征。

一、实验目的

1）观察低碳钢和铸铁在扭转过程中的变形规律和破坏特征。

2）测定低碳钢扭转时的屈服点 τ_s 和抗扭强度 τ_b，测定铸铁扭转时的抗扭强度 τ_b。

3）了解扭转试验机的结构和原理，掌握操作方法。

二、实验设备

1）扭转试验机。

2）游标卡尺。

三、试样

扭转试验所用试样与拉伸试样的标准相同，一般使用圆形试样，$d_0 = 10\text{mm}$，标距 l_0 为

50mm 或 100mm，平行长度 l 为 70mm 或 120mm。使用其他直径的试样时，其平行长度为标距长度加上两倍直径。为防止打滑，扭转试样的夹持段宜为类矩形，如图 1-10 所示。

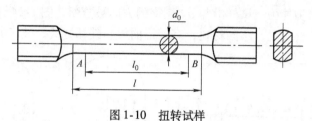

图 1-10 扭转试样

四、实验原理和方法

扭转实验是材料力学实验最基本、最典型的实验之一。进行扭转实验时，把试样两夹持端分别安装于扭转试验机的固定夹头和活动夹头之间，开启直流电动机，经过齿轮减速器带动活动夹头转动，试样就承受了扭转载荷，从而产生扭转变形。扭转试验机上可以直接读出扭矩 T 和扭转角 ϕ，同时计算机也自动绘出了 $T-\phi$ 曲线图，一般 ϕ 是试验机两夹头之间的相对扭转角。要想测得试样上任意两截面间的相对转角，必须增装测量扭角的传感器。扭转试验参照标准 GB/T 10128—2007 进行。

因材料本身的差异，低碳钢扭转曲线有两种类型，如图 1-11 所示。扭转曲线表现为弹性、屈服和强化三个阶段，与低碳钢的拉伸曲线不尽相同，它的屈服过程是由表面逐渐向圆心扩展，形成环形塑性区。当横截面的应力全部屈服后，试样才会全面进入塑性。在屈服阶段，扭矩基本不动或呈下降趋势的轻微波动，而扭转变形继续增加。当首次扭转角增加而扭矩不增加（或保持恒定）时的扭矩为屈服扭矩，记为 T_s；首次下降前的最大扭矩为上屈服扭矩，记为 T_{SU}；屈服阶段中最小的扭矩为

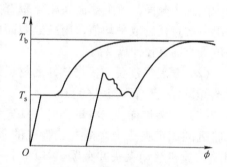

图 1-11 低碳钢扭转曲线

下屈服扭矩，记为 T_{SL}（不加说明时指下屈服扭矩）。对试样连续施加扭矩直到扭断，从试验机计算机屏幕窗口上读得最大值 T_b。考虑到整体屈服后塑性变形对应力分布的影响，低碳钢扭转屈服点和抗扭强度理论上应该按式（1-9）计算：

$$\tau_s = 3T_s/4W_P \qquad \tau_b = 3T_b/4W_P \qquad (1-9)$$

但是，为了试验结果相互之间的可比性，根据国标 GB/T 10128—2007 规定，低碳钢扭转屈服点和抗扭强度采用式（1-10）计算：

$$\tau_s = T_s/W_P \qquad \tau_b = T_b/W_P \qquad (1-10)$$

铸铁试样扭转时，其扭转曲线不同于拉伸曲线，它有比较明显的非线性偏离（见图 1-12）。但由于变形很小时就突然断裂，一般仍按弹性公式计算铸铁的抗扭强度，即

$$\tau_b = T_b/W_P \qquad (1-11)$$

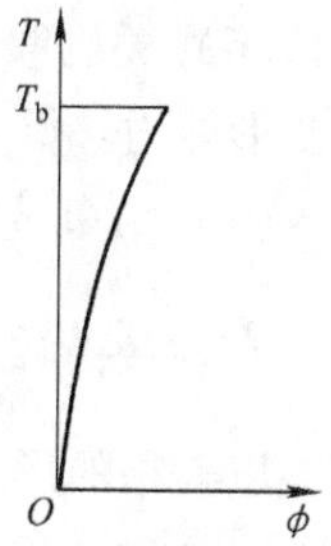

图 1-12 铸铁扭转曲线

圆形试样受扭时，横截面上的应力应变分布如图 1-13b、c 所示。

在试样表面任一点，横截面上有最大切应力 τ，在与轴线成 $\pm 45°$ 的截面上存在主应力 $\sigma_1 = \tau$，$\sigma_3 = -\tau^{\ominus}$（见图 1-13a）。低碳钢的抗剪能力弱于抗拉能力，试样沿横截面被剪断。铸铁的抗拉能力弱于抗剪能力，试样沿与 σ_1 正交的方向被拉断。图 1-14 给出了几种典型材料的宏观断口特征。由此可见，不同材料，其变形曲线、破坏方式、破坏原因都有很大差异。

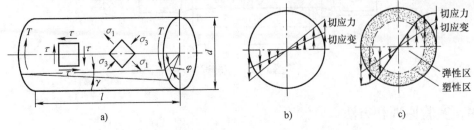

图 1-13　扭转圆形试样截面切应力、切应变分布图

a）试样表面的应力状态　b）弹性变形阶段横截面上切应力与切应变的分布

c）弹塑性变形阶段横截面上切应力与切应变的分布

五、实验步骤

（1）测定试样直径　选择试样标距两端及中间三个截面，每个截面在相互垂直方向各测一次直径后取平均值，用三处截面中平均值最小的直径计算 W_P。

（2）试验机准备　根据试样的材料和尺寸选择量程，调节试验机零点。

（3）安装试样　先将试样的一端安装于试验机的固定夹头上，检查试验机的零点，调整试验机活动夹头并夹紧试样的另一端。沿试样表面画一母线以定性观察变形现象。

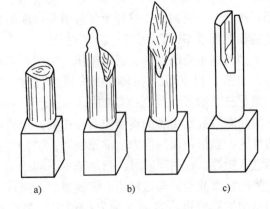

图 1-14　典型材料扭转断口

a）切断断口　b）正断断口　c）木纹状断口

（4）调试　扭转角调零。

（5）开机试验　为了方便观察和记录数据，对于铸铁试样和屈服前的低碳钢试样，用慢速加载。屈服后的低碳钢试样可用快速加载。加载要求匀速缓慢。试验过程中要及时记录屈服扭矩 T_s 和最大扭矩 T_b。

（6）关机取试样　试样断裂后立即结束实验，取下试样，认真观察分析断口形貌和塑性变形能力。保存实验数据，打印 $T-\phi$ 曲线。

（7）结束试验　试验机复原，关闭电源，清洁现场。

六、实验结果处理

以表格的形式处理实验结果（表格形式见本节末的参考表）。根据记录的原始数据，计算出低碳钢的屈服点 τ_s、抗扭强度 τ_b、铸铁的抗扭强度 τ_b。画出两种材料的扭转破坏断口

　⊖ 参见苟文选主编《材料力学》，科学出版社，2017.

草图，并分析其产生的原因。

七、预习要求

1）预习材料力学实验和材料力学教材有关内容，明确实验目的和要求。

2）预习有关扭转试验机内容。

3）设计实验数据记录表格（见表1-3）。

八、思考题

1）低碳钢拉伸和扭转的断裂方式是否一样？破坏原因是否一样？

2）铸铁在压缩破坏试验和扭转破坏试验中，断口外缘与轴线夹角是否相同？破坏原因是否相同？

3）如果用木头或竹材制成纤维与轴线平行的圆截面试样，受扭时它们将以怎样的方式破坏，为什么？

4）理论上计算低碳钢的屈服点和抗扭强度时，为什么公式中有3/4的系数？

5）总结低碳钢拉伸曲线与扭转曲线的相似处和不同点。

报告格式和要求可参考拉伸试验。

表1-3 实验记录和结果处理参考

	低 碳 钢	铸　铁	备　注
最小直径 d_0/mm			
抗扭截面系数 W_p/mm³			
屈服扭矩 T_s/(N·m)			
最大扭矩 T_b/(N·m)			
扭转屈服点 τ_s/MPa			
抗扭强度 τ_b/MPa			
断口立体形状			
破坏的力学原因			

第三节　剪切破坏实验

工程中存在许多通过销轴、螺栓、铆钉或销键等连接的结构，这些销轴、螺栓、铆钉或销键大都因受剪切力而破坏，因此，进行剪切破坏试验有重要的工程和科学意义。

一、实验目的

1）测定金属材料的剪切强度。

2）观察破坏断后形貌，分析破坏原因。

二、实验设备

1）万能试验机。

2）剪切夹具。

3）游标卡尺。

三、实验原理和方法

剪切实验分为单剪实验和双剪实验。根据受力方向又分为拉剪和压剪，根据销钉多少又分为单钉和多钉，受力形式不同、销钉多少不同，计算应力的公式也不尽同。剪切实验试样可采用圆截面和矩形截面，普遍采用圆截面试样。剪切实验不能测定剪切比例极限和剪切屈服强度，一般用扭转实验测定剪切比例极限和剪切屈服强度。

1. 单剪实验

单剪实验的试样只有一个剪切面，原理如图 1-15 所示，实际结构有单钉单剪和多钉单剪。试验时将试样固定在专用夹具的底座上，然后施加压缩载荷（根据夹具结构也可施加拉伸载荷），直到试样沿剪切面 $a-a$ 剪断。这时剪切面上的最大切应力即为材料的剪切强度（也叫剪切极限或抗剪强度）。根据试样被剪断时的最大载荷 F_b 和试样的原始截面积 A_0，按照式（1-12）计算剪切强度：

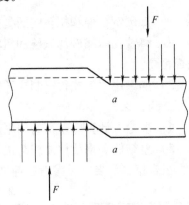

$$\tau_b = \frac{F_b}{nA_0} \qquad (1-12)$$

式中，n 为销钉数量。

图 1-15　单剪试样受力示意图

2. 双剪实验

双剪实验的试样有两个剪切面，实验时，将试样安装在专门夹具上，如图 1-16 所示，然后加载，在试样的 $I-I$ 和 $II-II$ 截面上同时受到剪力作用，如图 1-17 所示，试样破坏时的最大载荷为 F_b，原始面积为 A_0，销钉数量为 n，则双剪试样的剪切强度为

$$\tau_b = \frac{F_b}{2nA_0} \qquad (1-13)$$

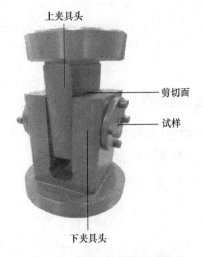

图 1-16　单钉双剪压缩实验夹具

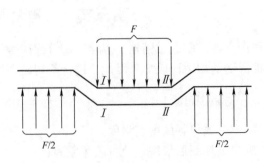

图 1-17　双剪试样受力示意图

进行剪切实验时，试样伴有不同程度的弯曲，造成了剪切面应力分布较为复杂。通常都

忽略了弯曲，认为试样只有剪应力，同时假设剪应力在剪切面内均匀分布。

剪切实验的试样通常采用圆形截面，直径大小根据工装尺寸确定，试样长度不小于 50mm。

四、实验步骤（以单钉双剪实验为例）

（1）测量直径 在试样标距（依夹具刀口长度确定）内测量两端及中间三个截面直径，每个截面相互垂直方向各测一次直径后取平均值，三处面积的平均值为 A_0。

（2）检查工装夹具 清洗切刀，检查刀口是否锐利，有无损伤，保证切刀在夹具中能灵活滑动。

（3）试验机准备 开启电源，打开控制系统，调整试验机空间，载荷调零。

（4）安装试样 将试样装入夹具切孔内，连同夹具一块置放于试验机平台，保证前后左右对中。

（5）正式试验 编辑试验方法，选取速度如 0.5mm/min 或 1mm/min，点击试验按钮正式试验，直至试样破坏。

（6）关机卸取试样 试样一旦断裂，立即点击结束按钮，停止试验，记录最大载荷，保存实验数据，卸下试样，观察记录断口形貌。

（7）结束实验 实验结束后，试验机复原，夹具归放原处，关闭电源，清理现场，搞好卫生。

五、数据处理

实验结束后，按照式（1-12）、式（1-13）计算剪切强度。给出断口形貌图，分析破坏原因。

六、注意事项

1）实验夹具保证对中。

2）注意人身安全。

七、思考题

1）如何实现拉伸剪切？

2）如何进行蜂窝夹层材料的剪切实验？

3）多行多列销钉连接实验，你认为每个钉的受力相同吗？断裂在何位置？

4）单剪连接实验存在明显翘曲，如何防止？

5）剪切夹具的孔存在挤压吗？如何保证把挤压变形降到最小？

第四节 弯曲破坏实验

弯曲破坏实验是研究材料在弯曲载荷作用下的变形规律和破坏机理的实验。该方法简单，数据可靠，具有工程实际意义。

一、实验目的

1）测定脆性材料的弯曲强度。

2）测定金属材料的弯曲挠度和弯曲弹性模量。

3）观察分析弯曲变形和破坏断口。

二、实验设备

1）万能试验机。

2）三点弯曲和四点弯曲夹具。

3）游标卡尺。

4）百分表（或引伸计）。

5）试样　试样截面一般为矩形或圆形，工作段长度为 L_s，总长度为 $L = L_s + 20$。矩形截面试样工作段长度 $L_s \geqslant 16h$，圆形截面试样工作段长度 $L_s \geqslant 16d$。

三、实验原理和方法

弯曲实验分为三点弯曲实验和四点弯曲实验两种，试验时对试样施加弯曲载荷，测定其弯曲力学性能。

1. 三点弯曲实验

三点弯曲实验，顾名思义是通过三个施力点实现对试样的弯曲加载，原理如图 1-18 所示，要求装置的两支撑滚柱直径、加载滚柱直径均相同，且滚柱长度大于矩形试样宽度或圆形试样直径，试验时滚柱能绕其轴线转动而不发生相对位移，两支撑滚柱间距能调节。对于抗弯强度，有

$$\sigma_{bb} = \frac{F_{bb}L_s}{4W} \tag{1-14}$$

式中，σ_{bb} 是抗弯强度，单位为 MPa；F_{bb} 是三点弯曲最大载荷，单位为 N；L_s 是跨距，单位为 mm；W 是抗弯截面系数，单位为 mm^3，矩形截面 $W = bh^2/6$，圆形截面 $W = \pi d^3/32$。

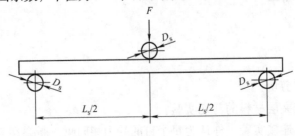

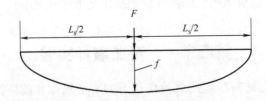

图 1-18　三点弯曲实验示意图

试验时，用百分表或引伸计测量出中点的挠度 f，就能计算出弯曲弹性模量。在弹性范围内，用增量法测量出载荷 F 及对应的中点挠度 f，对等直截面试样三点弯曲实验有

$$E_b = \frac{L_s^3}{48I}\left(\frac{\Delta F}{\Delta f}\right) \tag{1-15}$$

式中，E_b 是弯曲弹性模量，单位为 GPa；L_s 是跨距，单位为 mm；I 是惯性矩，单位为 mm^4；ΔF 是载荷增量，单位为 N；Δf 是挠度增量，单位为 mm。

图 1-19 为自动绘制弯曲实验测试弹性模量的 F–f（载荷–挠度）曲线图，纵坐标为施加的弯曲载荷，横坐标为记录的中点挠度，从图上直线范围内截取 ΔF 和 Δf，注意换算比例，代入式（1-15）即可计算出等截面试样三点弯曲实验的弯曲弹性模量。

2. 四点弯曲实验

四点弯曲实验原理如图 1-20 所示，通过辅梁把载荷 F 分解为两个 $F/2$。要求装置的两支撑滚柱直径和两加载滚柱直径均相同且平行，滚柱长度大于矩形试样宽度或圆形试样直径，两力臂相等且 $l \geqslant L_s/4$，试验时滚柱能绕其轴线转动而不发生相对位移，四滚柱间距能调节。试样中间段必须保证为纯弯曲，抗弯强度为

$$\sigma_{bb} = \frac{F_{bb}l}{2W} \tag{1-16}$$

式中，σ_{bb} 是抗弯强度，单位为 MPa；F_{bb} 是四点弯曲最大载荷，单位为 N；l 是力臂，单位为 mm；W 是抗弯截面系数，单位为 mm^3，矩形截面 $W = bh^2/6$，圆形截面 $W = \pi d^3/32$。

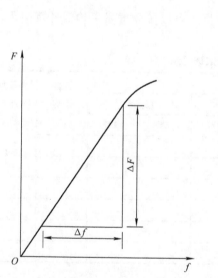

图 1-19　弯曲实验载荷-挠度曲线

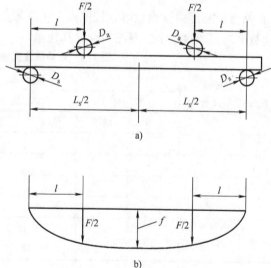

图 1-20　四点弯曲实验示意图

同样用百分表或引伸计测量出中点的挠度 f，就能计算出等直截面试样四点的弯曲弹性模量。一般用增量法，有

$$E_b = \frac{l(3L_s^2 - 4l^2)}{48I}\frac{\Delta F}{\Delta f} \tag{1-17}$$

式中，E_b 是弯曲弹性模量，单位为 GPa；L_s 是跨距，单位为 mm；l 是力臂，单位为 mm；I

是惯性矩，单位为 mm^4，矩形截面 $W = bh^3/12$，圆形截面 $W = \pi d^4/64$；ΔF 是载荷增量，单位为 N；Δf 是挠度增量，单位为 mm。

自动绘制出四点弯曲实验的 $F - f$ 曲线，从图上直线范围内截取 ΔF 和 Δf，代入式 (1-17) 也能计算出等直截面试样四点弯曲弹性模量。

四、实验步骤

（1）测量尺寸　在试样跨距内两端及中间三个截面处测量宽度与厚度或直径，取其平均值。

（2）安装调节弯曲夹具　保证滚柱轴线平行，支撑点对称。

（3）试验机准备　开启电源，打开控制系统，调整试验机空间，载荷调零。

（4）安装试样　保证试样前后左右对中和对称。

（5）正式试验　编辑试验方法，选取速度如 0.5mm/min 或 1mm/min，点击试验按钮正式试验，直至试样破坏。

（6）关机卸取试样　试样一旦断裂，立即点击结束按钮，停止试验，记录最大载荷，保存实验数据，卸下试样，观察记录断口形貌。

（7）结束实验　实验结束后，试验机复原，夹具归放原处，关闭电源，清理现场，搞好卫生。

五、数据处理

1）增量法测定弹性模量时，按照表 1-4 整理数据。可以按照增量平均值计算模量，也可用读数平均值通过最小二乘法拟合计算模量。

表 1-4　弯曲模量实验数据记录

载荷读数/kN	载荷增量/kN	挠度/mm						读数平均/mm	增量平均/mm
		第一次		第二次		第三次			
		读数	增量	读数	增量	读数	增量		
F_0									
F_1									
F_2									
F_3									
F_4									
F_5									

2）把相关数据代入公式计算抗弯强度和弯曲模量。

3）给出断口形貌图，分析破坏原因。

六、注意事项

1）实验夹具和试样安装保证对中与对称。

2）注意人身安全。

七、思考题

1）请给出三点弯曲和四点弯曲实验的剪力图和弯矩图。
2）如果试样两端的力臂不相等，式（1-15）和式（1-16）还适用吗？
3）如果测量的是跨距内对称两点连线距弧顶的弦高 f，如何用该 f 计算弹性模量？
4）还有其他什么方法可测定弯曲弹性模量？请给出原理和计算公式。

第五节　材料弹性模量 E 和泊松比 μ 的测定

弹性模量 E 和泊松比 μ 是各种材料的基本力学参数，测试工作十分重要，测试方法也很多，如杠杆引伸仪法、千分表法、电测法、绘图法、自动检测法等。目前较常用的是电测法、绘图法和自动检测法。本节介绍电测法。

一、实验目的

1）用应变电测法测定金属材料的弹性模量 E 和泊松比 μ。
2）学习用最小二乘法处理实验数据。

二、实验设备和试样

1）万能试验机。
2）数字式静态电阻应变仪。
3）游标卡尺。
4）贴有轴向和横向电阻应变片的板状试样，贴有温度补偿片的补偿块（见图1-21）。

三、实验原理和方法

材料在比例极限范围内，应力和应变呈线性关系，即

$$\sigma = E\varepsilon$$

比例系数 E 称为材料的弹性模量，可由式（1-18）计算：

$$E = \frac{\sigma}{\varepsilon} \tag{1-18}$$

设试样的初始横截面面积为 A_0，在轴向拉力 F 作用下，横截面上的正应力为

$$\sigma = \frac{F}{A_0}$$

把上式代入式（1-18）可得

$$E = \frac{F}{A_0\varepsilon} \tag{1-19}$$

只要测得试样所受的载荷 F 和与之对应的应变 ε，就可由式（1-19）算出弹性模量 E。

受拉试样轴向伸长，必然引起横向收缩。设轴向应变为 ε，横向应变为 ε'。试验表明，在弹性范围内，二者之比为一常数，该常数称为横向变形系数或泊松比，用 μ 表示，即

$$\mu = \left|\frac{\varepsilon'}{\varepsilon}\right| \tag{1-20}$$

轴向应变 ε 和横向应变 ε' 的测试方法如图 1-21 所示。在板试样中央前后两面沿试样轴线方向贴应变片 R_1 和 R_1'，沿试样横向贴应变片 R_2 和 R_2'，补偿块上贴有 4 枚规格相同的温度补偿片。为了消除试样初曲率和加载可能存在偏心引起的弯曲影响，采用全桥接线法。图 1-22a、b 分别是测量轴向应变 ε 和横向应变 ε' 的测量电桥。根据应变电测基础（见第三章第一节），试样的轴向应变和横向应变是每台应变仪读数的一半，即

$$\varepsilon = \frac{1}{2}\varepsilon_\mathrm{r} \qquad \varepsilon' = \frac{1}{2}\varepsilon_\mathrm{r}'$$

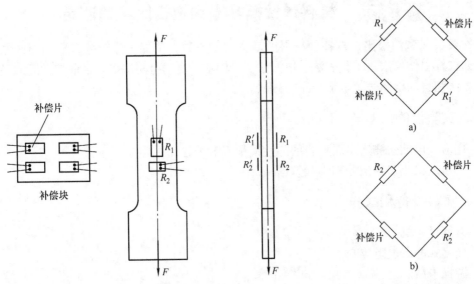

图 1-21 带应变片的板状试样　　　　　　　图 1-22 组桥图

实验时，为了验证胡克定律，采用等量逐级加载法，分别测量在相同载荷增量 ΔF 作用下的轴向应变增量 $\Delta\varepsilon$ 和横向应变增量 $\Delta\varepsilon'$。若各级应变增量大致相同，这就验证了胡克定律。

根据 σ 和 ε 两组实验数据，可利用端值法或最小二乘法（见附录 A）拟合出一条直线，该直线的斜率即为所测材料的弹性模量 E。利用 ε 和 ε' 两组实验数据，同样可以通过以上方法求得材料的泊松比 μ。

四、实验步骤

（1）测量试样　在试样工作段的上、中、下三个部位测量横截面面积，取它们的平均值作为试样的初始横截面面积 A_0。

（2）拟定实验方案

1）确定试样允许达到的最大应力值（取材料屈服点 σ_s 的 70% ~ 80%）及所需的最大载荷值。

2）根据最大载荷选取试验机量程，并确定初载荷（一般取试验机量程的 10%）。

3）根据初载荷和最大载荷值，以及其间至少应有 8 级加载的原则，确定每级载荷的大小。

（3）准备工作　把试样安装在试验机的上夹头内，调整试验机零点，按图1-22a、b的接线方法接到两台应变仪上。

（4）试运行　开动试验机，加载至接近最终载荷值，然后卸载至初载荷值以下（勿卸尽）。观察试验机和应变仪是否处于正常工作状态。

（5）正式试验　加载至初载荷，记下载荷值以及两个应变仪的读数 ε_r、ε_r'。以后每增加一级载荷，记录一次载荷值及相应的应变仪读数 ε_r、ε_r'，直至最终载荷值。以上试验重复3遍。

五、实验结果处理

建议按表1-5记录实验数据，求出表1-5中有关量。把 $\overline{\varepsilon}$ 作为测试物理量 x，把 σ 作为测试物理量 y_1，按最小二乘法拟合成直线 $\hat{y}_1 = a_1 + b_1 x$，其斜率 b_1 就是弹性模量 E。再把 $\overline{\varepsilon}$ 作为 x，把 $|\overline{\varepsilon'}|$ 作为测试物理量 y_2，按最小二乘法拟合成直线 $\hat{y}_2 = a_2 + b_2 x$，其斜率 b_2 就是泊松比 μ。

表1-5　实验数据记录

F/N	$\sigma = \dfrac{F}{A_0}$/MPa	$\varepsilon/10^{-6}$			$\overline{\varepsilon}$	$\varepsilon'/10^{-6}$			$\overline{\varepsilon'}$
		ε_1	ε_2	ε_3		ε_1'	ε_2'	ε_3'	

六、注意事项

1）试样切勿超载。

2）不要用力拉扯导线，保护好应变片。

七、思考题

1）还有哪些组桥方式可测定轴向应变 ε？试画出桥路图。

2）拉伸破坏试验中，为什么取三个不同截面面积的最小值作为试样的横截面面积；而测定弹性模量时，则取三个不同截面面积的平均值？

3）加载时为什么要加初载荷？采用等量逐级加载的目的是什么？

4）试样的截面形状和尺寸对测定弹性模量有无影响？

第六节 材料切变模量 *G* 的测定

材料的切变模量 *G* 是计算构件扭转变形的基本参数。本节将介绍材料切变模量 *G* 的三种测试方法。

一、实验（一）——用百分表扭角仪测定切变模量 *G*

1. 实验目的

测定钢材的切变模量 *G*。

2. 实验设备

1）测 *G* 装置（见图 1-23），左段为电测法，右段为百分表法。

2）百分表。

3）游标卡尺。

图 1-23　测 *G* 装置

3. 实验原理和方法

由材料力学知识可知，在剪切比例极限内，圆轴扭转角的计算公式为

$$\varphi = \frac{Tl}{GI_p}$$

式中，*T* 为扭矩；I_p 为圆截面的极惯性矩；*l* 为标距长度。

由上式可得

$$G = \frac{Tl}{\varphi I_p} \tag{1-21}$$

如图 1-23 所示装置，圆截面试样一端固定，另一端可绕其轴线自由转动。转角仪固定在标距为 *l* 的 *A*、*B* 两个截面上。当砝码盘上施加重量为 *F* 的砝码时，圆轴横截面便产生

$T = FL$的扭矩。固定在 A 截面上的刚性臂由初始位置 OA 转到 OA_1 位置，固定在 B 截面上的刚性臂由 OB 转到 OB_1 位置。从图 1-24 可以看出，在小变形条件下，A、B 两截面间的相对扭转角，等于两个刚性臂端头间的相对位移 Δ（此值可从百分表上读出），除以百分表表杆到试样轴线间的距离 R，即

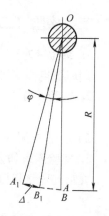

图 1-24　转角示意图

$$\varphi = \frac{\Delta}{R} \qquad (1-22)$$

实验时，采用等量逐级加载法，测出与每级载荷相对应的扭转角 φ_i。由式（1-21）算出 G_i。再按算术平均值作为材料的切变模量 G，有

$$G = \frac{1}{n}\sum_{i=1}^{n} G_i$$

上式中 n 为加载级数。这种数据处理方法，实质上是端直法（见附录 A）。当两个物理量（此处是 T 与 φ）的线性关系很好时，用端直法比最小二乘法简便，而结果相差无几。

4. 实验步骤

1）测量试样直径 d、百分表触头到试样轴线间距离 R 以及力臂长度 L。

2）用手轻按砝码盘，检查转角仪及百分表是否正常工作。

3）用砝码逐级加载。对应着每级载荷 F_i，记录相应的百分表读数 r_i。r_{i+1} 与 r_i 之差即为 Δ_i。由式（1-22）得到 φ_i。实验重复三次，取平均值。

5. 实验结果处理

建议按表 1-6 格式处理数据。

表 1-6　数据处理

载荷 F_i/kg	扭矩 $T_i/(\text{kg}\cdot\text{cm})$	百分表读数 r_i/mm	扭矩增量 $\Delta T_i/(\text{kg}\cdot\text{cm})$	百分表增量 Δ_i/mm	扭转角 $\varphi_i=\dfrac{\Delta_i}{R}$	$G_i=\dfrac{\Delta T_i\cdot l}{\varphi_i I_p}$
0						
1						
2						
3						
4						
5						

$$G = \frac{1}{n}\sum_{i=1}^{n} G_i$$

6. 注意事项

1）砝码要轻拿轻放，不要冲击加载。不要在加力臂或砝码盘上用手施加过大力气。

2）不要拆卸或转动百分表，保证表杆与刚性臂间稳定、良好的接触。

3）注意爱护贴在试样上的电阻应变片和导线。

7. 思考题

1）利用该装置测定 A、B 两个截面间的相对扭转角时，为什么要有小变形的限制？

2）对于本实验所采用的试样，初载荷、终载荷多大合适？实验分几级加载比较合适？

二、实验（二）——电测法测定切变模量 G

1. 实验目的

用应变电测法测定低碳钢的切变模量 G。

2. 实验设备

1）测 G 装置（见图 1-23）。

2）静态电阻应变仪。

3. 实验原理和方法

在剪切比例极限内，切应力与切应变成正比，这就是材料的剪切胡克定律，其表达式为

$$\tau = G\gamma$$

式中，比例常数 G 即为材料的切变模量。

由上式得

$$G = \frac{\tau}{\gamma} \tag{1-23}$$

式（1-23）中的 τ 和 γ 均可由实验测定，其方法如下。

（1）τ 的测定 如图 1-23 所示装置，试样贴应变片处是空心圆管，横截面上的内力如图 1-25a 所示。试样贴片处的切应力为

$$\tau = \frac{T}{W_P} \tag{1-24}$$

式中，W_P 为圆管的抗扭截面系数。

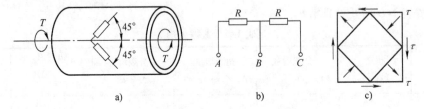

图 1-25 电测法测 G 原理图

a）受力与布片图   b）组桥   c）单元体

（2）γ 的测定 在圆管表面与轴线成 $\pm 45°$ 方向各贴一枚规格相同的应变片（见图 1-25a），组成图 1-25b 所示的半桥接到电阻应变仪上，从应变仪上读出应变值 ε_r。由电测原理可知（见第三章第一节），读数应变应当是 $45°$ 方向线应变的 2 倍，即

$$\varepsilon_r = 2\varepsilon_{45°}$$

另一方面，圆轴表面上任一点为纯剪切应力状态（见图 1-25c）。根据广义胡克定律有

$$\varepsilon_{45°} = \frac{1}{E}\left[\tau - \mu(-\tau)\right] = \frac{1+\mu}{E}\tau = \frac{\tau}{2G} = \frac{\gamma}{2}$$

因此，有

$$\gamma = \varepsilon_r \tag{1-25}$$

将式（1-24）和式（1-25）代入式（1-23），可得

$$G = \frac{T}{W_P \varepsilon_r} \tag{1-26}$$

实验采用等量逐级加载法。设各级扭矩增量为 ΔT_i，应变仪读数增量为 $\Delta \varepsilon_{ri}$，从每一级加载中，可求得切变模量为

$$G_i = \frac{\Delta T_i}{W_P \Delta \varepsilon_{ri}} \tag{1-27}$$

同样采用端直法，材料的切变模量是以上 G_i 的算术平均值，即

$$G = \frac{1}{n} \sum_{i=1}^{n} G_i$$

4. 实验步骤

1）量取贴应变片处圆管的内、外径。

2）组桥接线。

3）用手轻按砝码盘，检查装置和应变仪是否正常工作。

4）逐级加砝码。对应着每级载荷 F_i，记录相应的应变值 ε_{ri}。实验重复三次，取平均值。

5. 实验结果处理

建议按表 1-7 整理数据。

表 1-7 整理数据

扭矩 $T_i/(\text{kg} \cdot \text{cm})$	扭矩增量 $\Delta T_i/(\text{kg} \cdot \text{cm})$	读数应变 $\varepsilon_{ri}/10^{-6}$	应变增量 $\Delta \varepsilon_{ri}/10^{-6}$	切变模量 $G_i = \dfrac{\Delta T_i}{W_P \Delta \varepsilon_{ri}}$
0	—		—	—
		$G = \dfrac{1}{n} \sum_{i=1}^{n} G_i$		

6. 注意事项

1）所加扭矩不得超过材料的弹性范围。

2）量取试样直径和接线时，注意保护应变片和导线。

7. 思考题

1）如改用 45°应变片加温度补偿片进行单点测量，试导出切变模量 G 与应变仪读数 ε_r 间的关系式。并与本实验采用的方法进行比较，哪种方法较好些，为什么？

2）若把两个应变片在桥臂中的位置互换，数显表中的读数应变与原来相比起何变化？

三、实验（三）——用反光镜转角仪测定切变模量 G

1. 实验目的

1）测定钢材的切变模量 G。

2）了解反光镜转角仪的原理和使用方法。

2. 实验设备

1）扭转试验机。

2）反光镜转角仪。

3）游标卡尺、直尺。

4）望远镜。

3. 实验原理和方法

由本节实验（一）的介绍可知，切变模量 G 可通过下式计算：

$$G = \frac{Tl}{\varphi I_p}$$

式中，T 为扭矩；l 为试样标距长度；I_p 为试样横截面的极惯性矩；φ 为试样标距两端截面的相对扭转角，由实验测得。

如图 1-26 所示为镜式转角仪测量转角的结构原理图。两个圆环 A、B 用三个螺钉固定在试样标距两端的截面上，每个圆环上方各固定一片反光镜片。在镜片前相距为 L 处装置一把刻度尺和一架望远镜。实验前，反复调整望远镜和反光镜片的角度，使得在望远镜中能清晰地看到由镜片反射过来的刻度尺标记，并使镜片和望远镜轴线垂直。

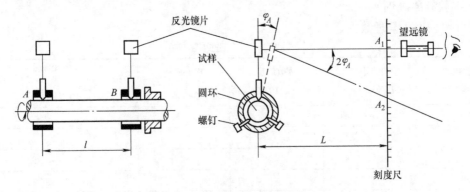

图 1-26　反光镜测 G 原理图

假设在施加扭矩之前，从望远镜读出的刻度尺的初读数为 A_1；加扭矩之后，A 截面转动 φ_A 角，由望远镜读出的读数为 A_2，由几何关系得

$$\tan 2\varphi_A = \frac{A_2 - A_1}{L} = \frac{\Delta A}{L}$$

当 φ_A 很小时，$\tan 2\varphi_A \approx 2\varphi_A$，故

$$\varphi_A = \frac{\Delta A}{2L}$$

同理，B 截面的扭转角为

$$\varphi_B = \frac{\Delta B}{2L}$$

A、B 两截面的相对扭转角为

$$\varphi_{A-B} = \frac{\Delta A - \Delta B}{2L}$$

这样，通过 A、B 两个望远镜从相应的刻度尺上读得的刻度差 ΔA、ΔB，就可由上式计算出 A、B 两截面间的相对扭转角。

实验时，采用等量逐级加载法。对于每一级扭矩增量 ΔT，得到一个与之对应的相对扭

转角

$$(\varphi_{A-B})_i = \frac{\Delta A_i - \Delta B_i}{2L} \tag{1-28}$$

每级的切变模量为

$$G_i = \frac{\Delta Tl}{(\varphi_{A-B})_i I_p} \tag{1-29}$$

材料的切变模量为各级模量的算术平均值，即

$$G = \frac{1}{n}\sum_{i=1}^{n} G_i$$

4. 实验步骤

1）用划线机在试样标距两端划圆周线。

2）把转角仪的 A、B 圆环套在刻线处，并用螺钉固定。

3）把试样装夹在试验机的夹头内。调试好反光镜片和望远镜。

4）用游标卡尺测量试样直径，估算好初扭矩、最大扭矩和加载级数。

5）试加扭矩到估算的最大扭矩值，然后卸载，检查试验机和转角仪是否正常。

6）正式试验加载。扭矩值由试验机计算机屏幕上读出，记下初扭矩时 A、B 尺的初读数，以后每增加一级扭矩，记一次 A、B 尺读数，直到最终扭矩值。

7）重复三遍，卸去载荷。维持望远镜架子及镜片不动，以便下一组（班）同学实验。

5. 实验结果处理

建议按表1-8处理数据。

表1-8　数据处理

扭矩 $T/(N \cdot m)$	A尺读数 /mm	B尺读数 /mm	扭矩增量 $\Delta T/(N \cdot m)$	A尺增量 ΔA/mm	B尺增量 ΔB/mm	扭转角 $\varphi = \dfrac{\Delta A - \Delta B}{2L}$/rad	$G = \dfrac{\Delta T \cdot l}{\varphi I_p}$
0			—	—	—	—	—
$G = \dfrac{1}{n}\sum\limits_{i=1}^{n} G_i$							

6. 注意事项

1）扭矩不能超过材料的弹性范围。

2）实验时，不能移动望远镜架子和刻度尺。

7. 思考题

1）以 A、B 截面相对扭转角为横坐标，以扭矩为纵坐标，根据实验数据绘制 $\varphi - T$ 图，该

图形说明什么？

2）以 A、B 截面间的相对扭转角 φ_{A-B} 为横坐标，以扭矩 T 为纵坐标（图 1-27）用最小二乘法求出实验数据的拟合直线斜率 $\dfrac{T}{\varphi_{A-B}}$，由式

$$G = \frac{T}{\varphi_{A-B}} \cdot \frac{l}{I_p}$$

计算出材料的切变模量 G，并与前述方法处理得到的 G 值进行比较。

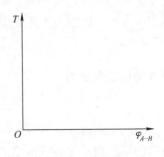

图 1-27　扭转图

<h2>第七节　条件屈服强度 $\sigma_{0.2}$ 的测定</h2>

工程实际中使用的许多材料，如某些合金钢、铝合金、钛合金等，往往具有较好的塑性，但没有明显的屈服现象，其拉伸曲线是光滑连续的。对于没有明显屈服现象的塑性材料，GB/T 228.1 中定义了规定非比例伸长应力 $\sigma_{p\varepsilon}$ 和规定残留伸长应力 $\sigma_{r\varepsilon}$。规定非比例伸长应力 $\sigma_{p\varepsilon}$ 是指试样标距部分的非比例伸长达到原始标距某个百分比的应力。规定残留伸长应力 $\sigma_{r\varepsilon}$ 是指试样标距部分的残留伸长达到原始标距的某个规定值时的应力。常用的有 $\sigma_{p0.2}$、$\sigma_{r0.2}$ 等，前者表示试样标距部分的非比例伸长达到原始标距 0.2% 时的应力，后者表示标距部分产生原始标距 0.2% 的残留伸长时的应力。$\sigma_{p0.2}$ 和 $\sigma_{r0.2}$ 的定义不同，但一般材料的 $\sigma_{p0.2}$ 和 $\sigma_{r0.2}$ 的数值基本相同，只要测试其中的一个即可。当要求测 $\sigma_{0.2}$ 而无明确说明时，两种方法均可使用。实验时，前者无须卸载，而后者必须经过卸载才能得到。

一、实验目的

1）用绘图法测定给定材料的弹性模量 E 和条件屈服强度 $\sigma_{0.2}$（$\sigma_{p0.2}$ 或 $\sigma_{r0.2}$）。
2）学习测 $\sigma_{0.2}$ 的方法。
3）学习试验机和相关仪器的操作使用。

二、实验设备和试样

1）电子万能试验机。
2）应变式引伸仪。
3）游标卡尺。
4）拉伸试样（见图 1-1）。

三、实验原理和方法

1. $\sigma_{p0.2}$ 的测定

一般都用图解法来测定 $\sigma_{p0.2}$，同时可兼测拉伸弹性模量 E。图解法必须要有高精度的引伸仪、载荷传感器和高灵敏度跟踪记录系统，以便准确地测量试样所承受的载荷和对应的变形量，采用计算机控制的试验机很容易实现。图解法是利用实验记录的力和变形曲线，即

F-Δl 曲线，根据 $\sigma_{p0.2}$ 的定义在曲线上直接测定的实验方法。

测 $\sigma_{p0.2}$ 的曲线如图 1-28 所示，自弹性直线段与横轴交点 O 起，截取相应于规定非比例伸长的 OC 段 [$OC = nl_0 \times 0.2\%$，n 为变形量的放大系数（图距与实距之比），l_0 为初始标距]，过 C 作弹性直线段的平行线 CA 交曲线于 A 点，A 点所对应的力 $F_{p0.2}$ 为所规定的非比例伸长力，规定非比例伸长应力按式（1-30）计算：

$$\sigma_{p0.2} = F_{p0.2}/A_0 \qquad (1\text{-}30)$$

如果材料的试验曲线无明显弹性直线段，以至于很难准确地测定相应的非比例伸长力，那么可以用滞后环法或逐步逼近法测定 $\sigma_{p0.2}$ 值。仲裁实验应采用滞后环法。使用时请查阅国标 GB/T 228.1。

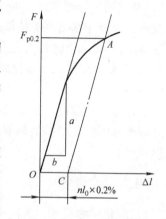

图 1-28 测 $\sigma_{p0.2}$ 原理图

2. $\sigma_{r0.2}$ 的测定

$\sigma_{r0.2}$ 是在卸载条件下测定的，实验过程比较麻烦，目前国外已很少采用，这里不再叙述，必要时可查阅 GB/T 228.1。

3. 弹性模量 E 的测定

在弹性直线段，取与纵轴平行的一段坐标纸长度 a、与横轴平行的一段坐标纸长度 b，根据力和变形的标定系数，把长度 a 和 b 换算成力 ΔF 和伸长量 Δl，材料的弹性模量为

$$E = \frac{\sigma}{\varepsilon} = \frac{\dfrac{\Delta F}{A}}{\dfrac{\Delta l}{l}} = \frac{\Delta F l}{A \Delta l} \qquad (1\text{-}31)$$

4. 实验方法

实验一般在计算机控制的万能试验机上进行，测试系统由传感器（载荷传感器和变形传感器）、信号放大、记录显示等三部分组成，如图 1-29 所示。载荷传感器固定在试验机上与试样串联，变形传感器（引伸仪或位移计）为应变式。试样受力变形，载荷传感器和引伸仪的桥路有电压输出，这个电压信号与外加载荷和试样变形成正比。传感器输出的电压信号经过放大、滤波、整流、A/D 转换等输入计算机，自动记录试验数据，绘制 F-Δl 曲线并显示。

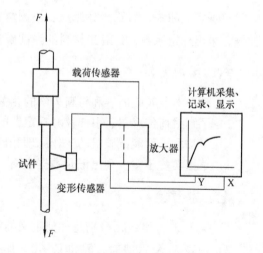

图 1-29 拉伸实验框图

目前，计算机控制试验机的功能强大，操作方便简单，能方便地调节显示比例，能选择 $0 \sim 500$mm/min 的任何加载速度（标准规定一般加载速度为 2mm/min），也能自动采集记录试验数据、绘制显示曲线。试验机操作见第四章第三节。试验结束后，要存储数据，打印曲线或拷贝数据，以备后续试验数据处理。

拷贝的试验数据是真实的载荷值和变形值（试验机已经把电信号的模拟量转换为物理量），直接用于处理数据。如果是记录曲线，必须把记录图上的纵横长度换算为实际的载荷与变形，才能计算出所要结果。调节记录图比例时，先要估算实验时的最大载荷 F_{max} 和最大变形 Δl_{max}，要求力轴最大值占到图幅 2/3 以上，对应 0.2% 应变的变形 $\Delta l_{0.2}$ 在图上大于 50mm。例如，载荷从 0 变化到 10kN，曲线沿纵轴走了 50mm，则载荷比例系数为200N/mm；变形 1mm，曲线沿横轴走了 50mm，则变形比例系数为 0.02mm/mm。有了比例系数，记录曲线上任意点的载荷和变形均可得到。只是打印出的记录曲线，要用尺子分别测量曲线纵横轴对应坐标图距，根据坐标值计算出比例系数，把相关数据代入式（1-31），便可计算出弹性模量 E 值。

四、实验步骤

1）测量试样尺寸，方法可参阅第一章第一节。
2）选择载荷量程，并标定载荷比例系数。
3）选择合适的引伸仪，并标定变形比例系数。
4）安装试样，并在规定标距上装夹引伸仪。
5）预做实验，在弹性范围内加一定量载荷，检查比例合适后卸载。
6）开始加载正式记录 F-Δl 曲线，直到所要的变形量时即可停机。
7）卸载，取下引伸仪和试样。载荷务必卸为零后方可取下试样。
8）重新标定载荷和变形，确定比例系数。
9）存储数据，打印曲线，完成报告。

五、实验结果处理

整理实验曲线，修正坐标原点。用图解法确定非比例伸长力 $F_{p0.2}$。整理力和变形标定数据，求出标定系数，计算出材料的弹性模量 E 和非比例伸长应力 $\sigma_{p0.2}$。

六、预习要求

1）预习本节实验内容和材料力学的相关内容。
2）了解载荷传感器、引伸仪和标定器的结构原理。
3）了解电子万能试验机的工作原理和操作方法。
4）草拟实验步骤，列出记录数据表格。

七、思考题

1）σ_s、$\sigma_{p0.2}$ 和 $\sigma_{r0.2}$ 分别是如何定义的？三者有什么区别？
2）记录 F-Δl 曲线时，假如 $F_0 \neq 0$，那么对 $\sigma_{p0.2}$ 的测试有无影响？
3）引伸仪是如何标定的？

第八节　弯曲实验

弯曲试验是生产和科研中常用的一种方法，它相较拉伸和扭转试验有较好的稳定性和较广的适用性。本节仅就材料力学中研究的弯曲应力、弯曲变形等基本内容进行实验。

一、实验（一）——工字梁弯曲正应力实验

1. 实验目的

用应变电测法测定工字形截面铝合金梁在纯弯曲段的正应力大小及分布，以验证弯曲正应力公式。

2. 实验设备

1）弯曲实验装置，其结构简图如图1-30所示。

2）静态电阻应变仪。

3. 实验原理和方法

图1-30所示工字形截面简支梁，其剪力图和弯矩图分别如图1-30b、c所示。当C、D两处同时受F力作用时，梁的CD段为纯弯曲段。在纯弯曲段的MN截面的侧面，分别沿梁的中性轴处、离中性轴±H/4处和±H/2处，以及沿梁上下表面的轴线方向各贴一枚电阻应变片，在梁的不受力区贴一枚温度补偿片。采用有温度补偿片的单点测量法，逐点检测5个测点处的轴向线应变，根据式（1-32）计算出每个测点处的弯曲正应力

$$\sigma_j = E\varepsilon_j \tag{1-32}$$

式中，E为材料的弹性模量；j为测点代号。

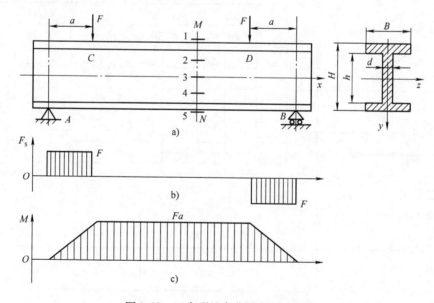

图1-30 工字形纯弯曲梁实验示意图

实验前，估算出梁中最大弯曲正应力达到材料屈服极限时的载荷 F_{max}。以 $F_0 = 0.1F_{max}$ 为初载荷，$F_n = 0.5F_{max}$（考虑到可能的冲击）为终载荷，采用等量分级加载法加载，观察各级应变增量是否等值。对于每一个测点，至少重复加载三次，每次由 F_0 到 F_n，测点j的应变为（$\varepsilon_{jn} - \varepsilon_{j0}$），求其平均值作为该测点的应变 ε_j，有

$$\varepsilon_j = \frac{1}{3}\left[(\varepsilon_{jn} - \varepsilon_{j0})_1 + (\varepsilon_{jn} - \varepsilon_{j0})_2 + (\varepsilon_{jn} - \varepsilon_{j0})_3 \right] \tag{1-33}$$

根据弯曲正应力理论，各测点的弯曲正应力理论值为

$$\sigma_j = \frac{(F_n - F_0) a \cdot y_j}{I_z} \tag{1-34}$$

把以上理论值与实测值进行比较，以验证弯曲正应力公式。

4. 实验步骤

1）测量工字梁的有关尺寸 H、h、B、d、a，估算 F_{max}。

2）接通应变仪电源，搞清各测点应变片引线颜色。把测点 1 的应变片和温度补偿片按 1/4 桥接线法接通应变仪，调整应变仪零点。（如果是多点应变仪，能一次把所有测点连线接好。）

3）记录载荷为 F_0 的初应变。以后每增加一级载荷，记录一次应变值，直至加到 F_n。注意观察各级应变增量情况。

4）按步骤 3 共做三次。

5）卸去载荷，按测点 1 的测试方法对其余各点逐点进行测试。

5. 实验结果处理

建议按表 1-9 记录实验数据，计算出实测应力值和理论应力值，并进行比较。

表 1-9　实验数据记录

载　荷	应　变											
	测点 1						测点 j					
	第一次		第二次		第三次		第一次		第二次		第三次	
	ε_1	$\Delta\varepsilon_1$	ε_1	$\Delta\varepsilon_1$	ε_1	$\Delta\varepsilon_1$	ε_j	$\Delta\varepsilon_j$	ε_j	$\Delta\varepsilon_j$	ε_j	$\Delta\varepsilon_j$
F_0												
F_1												
F_2												
F_3												
F_n												
实测应变 $\varepsilon_j =$ $\frac{1}{3}\big[(\varepsilon_{jn} - \varepsilon_{j0})_1 + (\varepsilon_{jn} - \varepsilon_{j0})_2 + (\varepsilon_{jn} - \varepsilon_{j0})_3\big]$												
实测应力 $\sigma_j = E\varepsilon_j$												
理论应力 $\sigma_j = \frac{(F_n - F_0) a \cdot y_j}{I_z}$												
误差												

6. 注意事项

1）缓慢放置砝码，避免冲击、摆动，更要注意安全。

2）切勿用力拉扯应变片导线。

7. 思考题

1）分析理论值与实测值存在差异的原因。

2）实验中采取了什么措施证明载荷与弯曲正应力之间呈线性关系？

3）若应变片贴在 AC 或 BD 段内的某个横截面上，测试结果会怎样？

二、实验（二）——工字梁弯曲变形实验

1. 实验目的

1）用应变电测法测定铝合金工字梁纯弯曲段的曲率半径。

2）用千分表测定铝合金工字梁纯弯曲段的曲率半径。

2. 实验设备

1）工字梁弯曲试验装置（见图 1-30）。

2）千分表挠度计。

3）静态电阻应变仪。

3. 实验原理和方法

利用弯曲正应力实验中使用的弯曲试验装置，在纯弯曲段，把 $y = \pm H/2$ 的 4 个应变片组成图 1-31 所示全桥连接应变仪。应变仪读数应变 ε_r 与测点应变值 ε 间的关系为

$$\varepsilon = \frac{\varepsilon_r}{4} \tag{1-35}$$

根据纯弯曲梁的变形几何关系

$$\varepsilon = \frac{y}{\rho}$$

可得梁中性轴的曲率半径为

$$\rho = \frac{y}{\varepsilon} = \frac{H/2}{\varepsilon_r/4} = \frac{2H}{\varepsilon_r} \tag{1-36}$$

另外，在纯弯曲段相距为 $2b$ 的 E、F 两点间安装一个千分表挠度计（见图 1-32a）。在载荷作用下，测出千分表触头 O 点与千分表挠度计支点 EF 间的相对位移 Δ（见图 1-32b），可推得

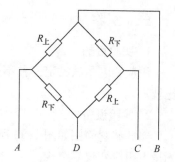

图 1-31　组桥示意图

$$\rho = \frac{b^2}{2\Delta} \tag{1-37}$$

4. 实验步骤

1）把梁上、下表面的 4 个应变片按图 1-31 连接电阻应变仪，接通应变仪电源。

2）把千分表挠度计安装在工字梁纯弯曲段的上表面。

3）记下应变仪和千分表的初读数。

4）加载，记下应变仪读数和千分表读数，重复三次，取平均值。

5）实验完毕，卸去载荷，切断应变仪电源，仪器恢复原位。

5. 实验结果处理

自己设计表格，记录载荷、应变仪读数、千分表的初始值和最终值。根据实验数据，计算出用两种方法测出的曲率半径 ρ，并与理论值进行比较。

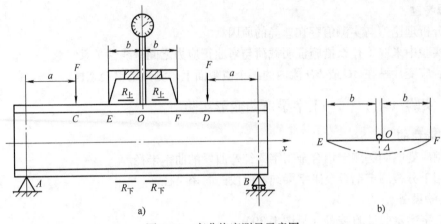

图 1-32　弯曲挠度测量示意图

6. 思考题

1）CD 段梁的挠曲线形状如何？AC 和 DB 段的挠曲线是否与 CD 段相同？为什么？

2）关系式 $\varepsilon = \dfrac{y}{\rho}$ 和 $\dfrac{1}{\rho} = \dfrac{M}{EI}$ 成立的前提条件是否相同？

3）若本实验中用到的梁上、下表面的 4 个应变片中有 1 个或者 2 个被损坏，你如何采取措施测出 ρ（重新贴片时间不允许）？试画出接线图。

三、实验（三）——组合梁弯曲正应力实验

1. 实验目的

用应变电测法测定三种不同形式组合梁横截面上的应变、应力分布情况，并与理论值比较。

2. 实验设备

实验装置简图如图 1-33 所示，主要由加载架、组合梁、力传感器与数字测力仪、多点测量电阻应变仪等组成。

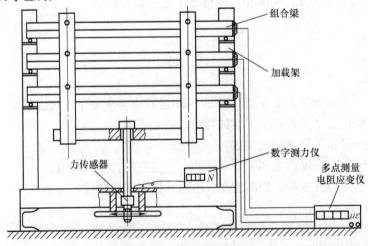

图 1-33　组合梁实验装置示意图

组合梁有三种形式:

1)钢-钢叠梁。

2)铝-钢叠梁。

3)钢-钢楔块梁。

梁的受载情况及几何尺寸如图1-34所示。

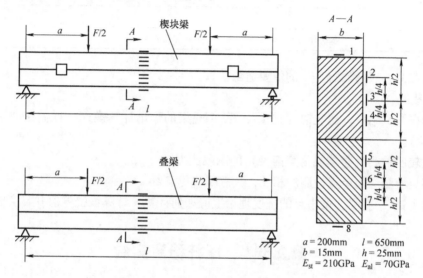

$$a = 200\text{mm} \quad l = 650\text{mm}$$
$$b = 15\text{mm} \quad h = 25\text{mm}$$
$$E_{\text{st}} = 210\text{GPa} \quad E_{\text{al}} = 70\text{GPa}$$

图1-34 组合梁受力和尺寸示意图

3. 实验原理

在梁的某一横截面沿梁的高度方向分布8枚电阻应变片,贴片位置如图1-34所示。电阻片的长度方向与梁的轴线方向一致。梁受载时,测出每个测点的应变值 ε_i ($i = 1$, 2, …, 8),然后利用胡克定律

$$\sigma_i = E\varepsilon_i \tag{1-38}$$

求出各测点的应力值。

4. 实验方法与步骤

1)三组梁均采用工作片加公共温度补偿片的¼桥方法接线。按此要求将一组梁上所有应变片的引线接入多点测量应变仪。

2)加预载荷 F_0,在应变仪上对各个测点进行预调,使8个测点的初始应变值为零(或记下初始应变值 ε_{i0})。

3)加载至 F_1,切换转换开关,记下各测点的应变值 ε_{i1}。

4)按以上同样方法,对其余两组梁进行测试。每组梁实验测试三次,取平均值。

5)用千分表挠度计测量铝-钢叠梁在载荷($F_1 - F_0$)作用下,梁中点的挠度值。

5. 实验结果处理

1)建议按表1-10整理各组梁的实验数据。

2)在坐标纸上画出三组梁的应变、应力测试值沿截面高度的分布情况。

6. 注意事项

1)不得拉扯应变片引线,触摸应变片,测点位置通过引线的颜色辨认。

表 1-10　实验数据　　　　组合梁形式＿＿＿＿＿＿＿＿

测点	1	2	3	4	5	6	7	8
ε_{i0}								
ε_{i1}								
$\varepsilon_i = \varepsilon_{i1} - \varepsilon_{i0}$								
$\sigma_i = E\varepsilon_i$								

初载荷 $F_0 =$ 　　　　　终载荷 $F_1 =$ 　　　　　实际加载 $F =$

2）初载荷 F_0 和终载荷 F_1 的值要适当。

7. 思考题

1）依据测试结果，建立钢-钢叠梁、铝-钢叠梁的理论计算模式（提倡在师生间、同学间展开讨论）。

2）比较四种梁（整体梁为第四种）的承载能力。

3）多点检测法与单点检测法相比，具有哪些优点？

4）对于铝-钢叠梁，梁中点的挠度理论上应如何计算？计算该挠度值并与实验值比较。

第九节　压杆稳定实验

　　工程上受压杆件的实例很多，压杆稳定性问题是材料力学研究的重要内容之一。因此，压杆稳定实验是基本实验之一。本节介绍两种常用的测定压杆临界载荷的方法，工程结构中也常常用电测法确定薄壁结构的稳定性支持系数。

一、实验（一）——挠度法测定压杆的临界载荷 F_{cr}

1. 实验目的

1）用百分表测定细长压杆的临界载荷。

2）观察压杆的失稳现象。

2. 实验设备和试样

1）电子万能试验机。

2）大量程百分表及表架。

3）直尺、游标卡尺。

4）矩形截面压杆试样及夹具如图 1-35a 所示。试样由弹簧钢制成，两端是带圆角的刀刃。夹具开有 V 形槽，V 形槽两侧装有可伸缩的螺钉，用以改变压杆的约束状态。

3. 实验原理和方法

　　由材料力学可知，细长压杆的临界载荷（欧拉公式）为

$$F_{cr} = \frac{\pi^2 EI}{(\mu l)^2} \tag{1-39}$$

式（1-39）中，两端铰支 $\mu = 1$，两端固支 $\mu = 0.5$。对于理想的两端铰支压杆，当压力 F 小于临界力 F_{cr} 时，压杆的直线平衡是稳定的，压力 F 与压杆中点的挠度 δ 的关系如图 1-35c

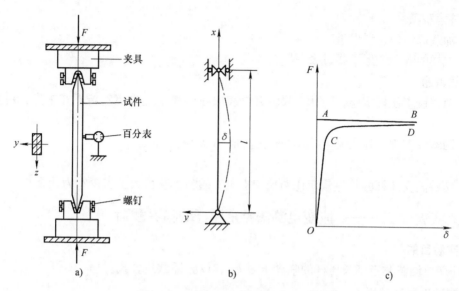

图 1-35 压杆稳定实验挠度法示意图

中的直线 OA 所示。当压力达到临界压力 F_{cr} 时，按照小挠度理论，F 与 δ 的关系是图 1-35c 中的水平线 AB。

实际的压杆难免有初曲率，在压力偏心及材料不均匀等因素的影响下，使得当 F 远小于 F_{cr} 时，压杆便出现弯曲。但这一阶段的挠度 δ 不很明显，且随 F 的增加而缓慢增长，如图 1-35c 中的 OC 所示。当 F 接近 F_{cr} 时，δ 急剧增大，如图 1-35c 中 CD 所示，它以直线 AB 为渐近线。因此，根据实际测出的 F-δ 曲线图，由 CD 的渐近线即可确定压杆的临界载荷 F_{cr}。

4. 实验步骤

1）测量试样长度 l 及横截面尺寸（取试样上、中、下三处的平均值）。

2）调整试验机上、下夹头距离至合适高度。用铅锤检查上、下 V 形槽是否错位，调整到不错位后，将试样装入 V 形槽内（螺钉退出）。该压杆相当于长度为 l、两端铰支的细长压杆。

3）在试样长度中点的侧面安装百分表，并将百分表调至量程一半左右。记下初读数。

4）加载分成两个阶段。在达到理论临界载荷 F_{cr}［由式（1-39）算出］的 80% 之前，由载荷控制，每增加一级载荷，读取相应的挠度 δ。超过 F_{cr} 的 80% 以后，改为由变形控制，每增加一定的挠度读取相应的载荷。δ 出现明显的变化实验即可终止。卸去载荷。

5）换成两端固支夹具，重复 1~4 步，完成两端固支压杆临界载荷的测定。注意改变约束后对临界载荷及挠曲线形状的影响。

5. 实验结果处理

1）自己设计表格，把实验数据列入表格。

2）在坐标纸上绘出 F-δ 曲线，确定两种情况下的临界压力。

3）根据第二种情况压杆的实测临界压力值，判断该压杆的约束属于哪一类，求出长度系数 μ。

6. 注意事项

1）加载应均匀、缓慢进行。

2）试样的弯曲变形不要过大。

7. 思考题

1）两端铰支压杆实验，为什么要将百分表放在试样长度中点？若不在中点，对实验结果有无影响？

2）两端铰支细长压杆临界压力的理论值与实测值存在多大差异？分析存在差异的原因。

3）两端固支压杆的临界载荷比两端铰支压杆的临界载荷大了多少？为什么？

二、实验（二）——应变电测法测定压杆的临界载荷

1. 实验目的

用应变电测法测定细长压杆的临界压力 F_{cr}，以验证欧拉公式。

2. 实验设备和试样

1）电子万能试验机。

2）静态电阻应变仪。

3）钢板尺、游标卡尺。

4）矩形截面压杆试样及夹具如图1-36a所示。试样由弹簧钢制成，两端是带圆角的刀刃，中点两侧各贴一枚电阻应变片。

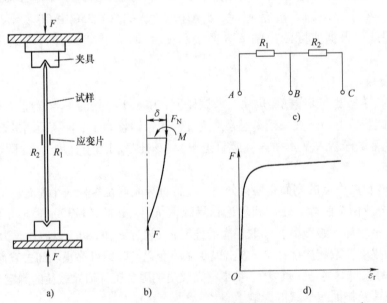

图1-36 压杆稳定实验电测法示意图

3. 实验原理和方法

试样贴片处横截面上的内力有轴向压力 F_N 和弯矩 M（见图1-36b）。把电阻应变片 R_1 与 R_2 按图1-36c接成半桥，应变仪的读数应变与试样中点处的挠度间的关系是

$$\varepsilon_r = \varepsilon_1 - \varepsilon_2 = \left(-\frac{F_N}{EA} + \frac{F_\delta}{EW} \right) - \left(-\frac{F_N}{EA} - \frac{F_\delta}{EW} \right) = \frac{2F}{EW}\delta$$

可见，读数应变 ε_r 的大小反映了试样中点挠度 δ 的大小。实验时，记录载荷 F 与读数应变 ε_r 的——对应数据，在 F-ε_r 坐标中绘出实验曲线（见图 1-36d）。据此曲线即可确定临界力 F_{cr}。本实验还可用数据处理软件绘制 F-ε_r 曲线，则测定 F_{cr} 将更为方便。

4. 实验步骤

1）按本节实验（一）的实验步骤1）、2）测量试样的尺寸，装卡试样。

2）按图 1-36c 的半桥接线法将应变片与应变仪接通。

3）施加少量载荷预试验，检查实验系统是否正常工作。

4）加载分成两个阶段，在达到理论临界载荷 F_{cr} 的 80% 之前，由载荷控制，每增加一级载荷读取对应的应变 ε_r。超过 F_{cr} 的 80% 以后，由变形控制，每增加一定的应变量读取相应的载荷值。当试样的弯曲变形明显时即可终止实验，卸去载荷。

5. 实验结果处理

1）自己设计记录表格，绘制 F-ε_r 图，确定 F_{cr} 的实测值。

2）计算 F_{cr} 的理论值，与实测值进行比较，求出差异大小并分析原因。

6. 注意事项

1）加载均匀，缓慢进行。

2）试样弯曲变形不能过大，避免应力超过材料的比例极限。

7. 思考题

1）测定压杆失稳临界载荷的挠度方法与电测法比较，哪种更方便准确，为什么？还有其他方法吗？

2）工程实际中有无完全铰支或固支结构，如何确定这类结构的支持系数？

第十节 冲 击 实 验

冲击载荷是加载速率较大的载荷，如锻造机械、冲床、机车的启动或刹车等有关零部件所承受的载荷即为冲击载荷。一般从材料的弹性、塑性和断裂这三个阶段来描述材料在冲击载荷作用下的破坏过程。在弹性阶段，材料力学性能与静载下基本相同，如材料的弹性模量 E 和泊松比 μ 都无明显的变化。因为弹性变形是以声速在弹性介质中传播的，它总能跟得上外加载荷的变化步伐，所以加速度对材料的弹性行为及其相应的力学性能没有影响。塑性变形的传播比较缓慢，加载速度太快塑性变形就来不及充分进行。另外塑性变形相对加载速度滞后，从而导致变形抗力的提高，宏观表现为屈服点有较大的提高，而塑性下降。一般对塑性材料，断裂抗力与变形速率关系不大。在有缺口的情况下，随变形速率的增大，材料的韧性总是下降的。因此，用缺口试样在冲击载荷下进行试验能更好地反映材料变脆的倾向和缺口的敏感性。另外，塑性材料随着温度的降低而其塑性向脆性转化，常用冲击试验来确定中低强度钢材的冷脆性转变温度。本冲击实验为低速冲击实验，目前还有高速冲击实验，速度可达 1000m/s。

一、实验目的

1）观察分析低碳钢和铸铁两种材料在常温冲击下的破坏情况和断口形貌，并进行比较。

2）测定低碳钢和铸铁两种材料的冲击韧度 a_K 值。

3）了解冲击试验方法。

二、实验设备

1）冲击试验机。

2）游标卡尺。

三、实验原理和方法

材料抗冲击的能力用冲击韧度来表示。冲击试验的分类方法较多，从温度上分有高温、常温、低温三种；从受力形式上分有冲击拉伸、冲击扭转、冲击弯曲和冲击剪切；从能量上分有大能量一次冲击和小能量多次冲击。材料力学实验中的冲击试验是常温简支梁的大能量一次冲击试验。首先把金属材料按照 GB/T 229 加工成 V 形缺口或 U 形缺口试样，如图 1-37 所示。

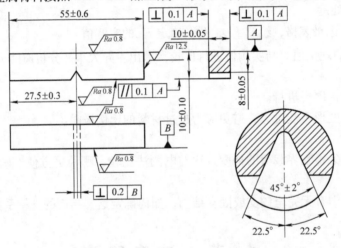

a)

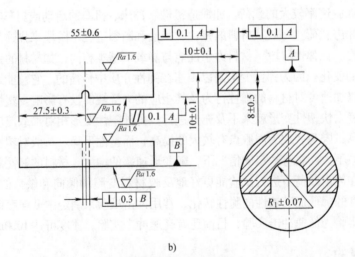

b)

图 1-37　冲击试样

a）夏比 V 形缺口冲击试样　b）夏比 U 形缺口冲击试样

实验时，把试样放在试验机的基座上，如图 1-38 所示。使缺口断面的弯矩最大，且缺口处在冲弯受拉边，冲击载荷作用点在缺口背面。试样冲断后，从冲击试验机上记录最大能量 A_K 值。A_K 为试样的冲击吸收功，单位为焦耳（J）。A_0 为试样缺口处的最小横截面积。习惯上试样的冲击韧度定义为

$$a_K = A_K/A_0 \tag{1-40}$$

a_K 是一个综合参数，不能直接应用于具体零件的设计，单位是 J/cm^2。另外，a_K 值对材料的脆性和组织中的缺陷十分敏感，它能灵敏地反映材料品质、宏观缺陷和显微组织方面的微小变化。因此，一次冲击试验又是生产上用来检验材料的脆化倾向和材料品质的有效方法。A_K 是试样内发生塑性变形的材料所吸收的能量，它应与发生塑性变形的材料体积有关，而 A_0 是缺口处的横截面面积，a_K 的物理意义不明确。因此，国标规定用 A_K 衡量材料抗冲击的能力，是有明确的物理意义的。

在试样上制作缺口的目的是为了在缺口附近造成应力集中，使塑性变形局限在缺口附近不大的体积范围内，并保证试样在缺口处一次就被冲断。由于 a_K 值对缺口的形状和尺寸十分敏感，缺口越深 a_K 值越低，材料脆性程度越严重。所以同种材料不同缺口的 a_K 值是不能互相换算和直接比较的。冲弯时，缺口截面上的应力分布如图 1-39 所示。根部附近 M 点处有三向不等的拉应力，冲击时，根部形成很高的应变速率。而试样材料的变形又跟不上加载引起的应变速率，综合作用突出了材料的脆化倾向，且这种倾向主要是由缺口引起的。冲击只有在有缺口的情况下才起作用，因为冲击时缺口周围区域产生塑性变形而松弛应力集中的过程来不及进行。因此塑性材料的缺口试样在冲击载荷的作用下，一般都呈现脆性破坏的方式。试验表明，缺口形状、试样尺寸和材料的性质等因素都会影响断口附近参与塑性变形的体积，因此冲击试验必须在规定的标准下进行。本实验采用 GB/T 229 标准。

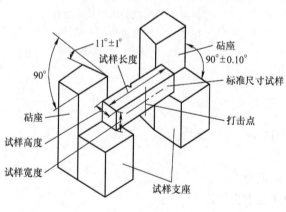

图 1-38　冲击试样安装示意图

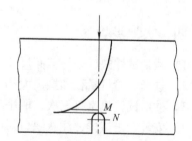

图 1-39　缺口截面应力分布图

冲击试验要在冲击试验机上进行。冲击试验机的原理如图 1-40 所示。利用能量守恒定律，冲断试验所需的能量，是试样冲断前后摆锤的势能差。实验时只要把试样放在图 1-40 的 A 处，摆锤抬高到高度 H 后自由放开，就会打断试样。那么摆锤的起始势能为

$$E_1 = GH = GL(1 - \cos\alpha) \tag{1-41}$$

冲断试样后摆锤的势能为

$$E_2 = Gh = GL(1 - \cos\beta) \tag{1-42}$$

试样冲断所消耗的冲击能量为

$$A_K = E_1 - E_2 = GL(\cos\beta - \cos\alpha) \qquad (1\text{-}43)$$

式中，G 为摆锤重力；L 为摆锤长度；α 为摆锤起始角度；β 为冲断后摆锤因惯性扬起的角度。

冲击试验机必须具有一个刚性较好的底座和机身，如图 1-41 所示。机身上安装有摆锤、表盘和指针等。表盘和摆锤重量根据试样承载能力大小选择，一般备有两个规格的摆锤供试验时使用，试样具体放置如图 1-38 所示。

摆锤通过人力或电动机自动抬起挂在控制钩上，松开挂钩，摆锤就会自由下摆打击试样。试样打断后，用制动手柄刹车使摆锤停摆，表盘指针所指示的值即为冲断试样所消耗的能量。

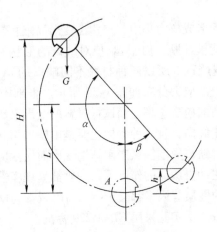

图 1-40　冲击试验机原理图

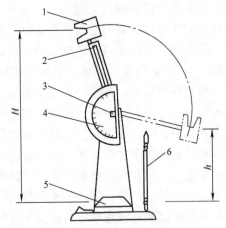

图 1-41　冲击试验机结构示意图
1—摆锤　2—控制钩　3—指针
4—表盘　5—机座　6—刹车手柄

四、实验步骤

1）测量试样缺口处的截面尺寸，测三次，取平均值。

2）选择试验机量程和摆锤大小。

3）冲击试验机空打三次，取平均值记为 E_1。

4）安装冲击试样，注意缺口对中并处于受拉边。

5）抬起摆锤并用控制钩挂住，指针靠在摆杆上。

6）脱开挂钩冲断试样。

7）结束实验停摆，记录度盘最终示值 E_2。

8）整理工具，清扫现场。

五、实验结果处理

1）计算缺口处的横截面积。

2）计算试样的吸收能 $A_K = E_1 - E_2$。

3）利用式（1-41）计算 a_K 值，并对两种材料的结果进行比较。

4）画出两种材料的破坏断口草图，观察异同。

5）根据实验目的和实验结果完成实验报告，格式参考表1-11。

表1-11 冲击实验原始数据和结果处理

分 类		材 料	
		低 碳 钢	铸 铁
缺口处截面尺寸	长 a/cm		
	宽 b/cm		
面积 A_0/cm²			
空打示值 E_1/J			
冲断试样示值 E_2/J			
冲击功 A_K/J			
冲击韧度 a_K/(J·cm⁻²)			
备 注			

六、预习要求

预习实验内容及材料力学教材中的有关内容。

七、思考题

1）冲击试验结果在工程上有何应用？

2）冲击韧度值 a_K 为什么不能用于定量换算，只能用于相对比较？

3）冲击试样为什么采用缺口试样？

4）塑性材料在冲击载荷下表现为脆性断裂，为什么？

八、注意事项

进行冲击试验的首要问题是安全！要求参加试验的全体人员必须做好预习，听从指导老师统一指挥，不得各行其是。

第十一节 疲 劳 实 验

在工程实际中，许多零部件如轴、齿轮、轴承、叶片等，要承受随时间周期性变化的载荷。我们把随时间周期性变化的载荷称为交变载荷，对应的应力称为交变应力。在交变应力的作用下，尽管构件的应力低于材料的屈服应力，但经过较长时间的循环也会发生破坏，这种现象称为疲劳。材料抵抗疲劳的能力常用持久极限来表征。疲劳破坏和静力破坏有本质的不同，疲劳破坏有下述特点：

1）对应于一定循环次数的疲劳强度，一般比材料的强度极限低，甚至低于屈服强度。

2）疲劳破坏有一个过程。即在一定的交变应力作用下，构件需经若干次应力循环后才突然断裂。

3）疲劳破坏是突然发生的，且宏观上无明显塑性变形，呈脆断。

疲劳破坏的特点是由疲劳破坏的机理决定的。实践表明，疲劳破坏过程总可以明显分为裂纹萌生、裂纹扩展和断裂三个组成部分。疲劳破坏的基本特征，第一是"潜藏"的失效形式，没有明显的塑性变形，断裂常常是突发性的，没有征兆；第二是由于构件上不可避免地存在缺陷，造成名义应力不高而局部应力集中形成裂纹，随着加载循环的增加，裂纹不断扩展，直至最后突然断裂。疲劳破坏常常会造成重大事故或不可估量的损失。因此，进行疲劳试验，测定必需的参数具有重要意义。

疲劳实验，按试样的受力方式分，可分为弯曲疲劳、轴向疲劳、扭转疲劳和复合疲劳等；按试验环境温度分，又可分为室温疲劳、高温疲劳和低温疲劳等。目前，最普遍的疲劳实验是室温弯曲疲劳和轴向疲劳。因为试验简单，成本低，且经过多年的理论和实验研究，材料的疲劳极限与静强度间建立了一定的关系，积累了大量的数据和经验。

一、实验目的

1）观察疲劳破坏断口，分析导致疲劳破坏的主要原因。
2）了解测定疲劳极限 σ_r 和 S-N 曲线的方法。

二、实验设备

1）疲劳试验机。
2）游标卡尺。

三、疲劳试样

疲劳试样的形状和尺寸取决于试验机的类型和工作实际的需要，加工要求极为严格。试样表面不能有划伤和加工痕迹，表面质量要求非常高，另外切忌用边角料加工试样。一组试样的毛坯取向应该相同。光滑圆柱形试样如图 1-42 所示。

四、实验原理和方法

1. 疲劳极限 σ_r 的测定

测定疲劳极限首先要确定循环基数。材料破坏前所经历的疲劳循环数记为 N。对于一般黑色金属，在某一应力下试样经过 10^7 次循环后，尚未断裂，再增加循环次数，试样也不会断裂，就认为该试样可以承受无限次循环而不发生破坏。对应于 10^7 次循环的最大应力 σ_{max} 值作为疲劳极限 σ_r，而 10^7 称为黑色金属的基数 N。对于某些合金钢和有色金属以 10^8 次循环作为循环基数 N，对应

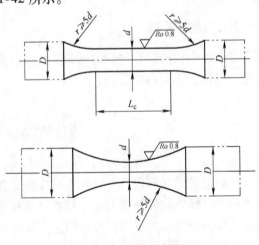

图 1-42　疲劳试样图

于 10^8 次循环的最大应力为疲劳极限 σ_r。不难看出，我们所说的疲劳极限即持久极限实际上为条件疲劳极限。一般测疲劳极限用单点法或升降法，试样为轴对称圆形，对试样的加工

质量要求很高。r 是应力比，是做疲劳试验时最小应力与最大应力的比值。

（1）单点试验法　在试样参数受到限制或试验条件困难时，可以用单点试验法。根据航标 HB5152 规定，用单点法测得的疲劳极限只能作为近似值，可以用来粗略估算材料的疲劳性能。

单点试验试样数不得少于 8 根，应力水平不少于 5 级，相邻两级应力水平差的相对值不超过 5%。疲劳试验都是从高应力向低应力进行的，第一级的应力水平 $\sigma_1 = (0.6 \sim 0.7)\sigma_b$。在规定的循环基数内未发生破坏称作通过或越出（记为"○"）。发生破坏时称为破坏或断裂（记为"×"）。假设按规定的循环基数进行试验，第 6 根试样在 σ_6 作用下破坏，在 σ_7 作用下通过，且 $(\sigma_6 - \sigma_7)/\sigma_7$ 不大于 5%，则疲劳极限为

$$\sigma_r = \frac{1}{2}(\sigma_6 + \sigma_7) \tag{1-44}$$

若 $(\sigma_6 - \sigma_7)/\sigma_7$ 大于 5%，那么还需要做第 8 根，取 $\sigma_8 = \frac{1}{2}(\sigma_6 + \sigma_7)$。第 8 根试样试验后的结果有两种可能。第一种情况就是，若第 8 根试样在 σ_8 作用下通过（图 1-43a），且 $(\sigma_6 - \sigma_8)/\sigma_8$ 不大于 5%，则

$$\sigma_r = \frac{1}{2}(\sigma_6 + \sigma_8) \tag{1-45}$$

第二种情况是，若第 8 根试样在 σ_8 作用下破坏（图 1-43b），且 $(\sigma_8 - \sigma_7)/\sigma_7$ 不大于 5%，则

$$\sigma_r = \frac{1}{2}(\sigma_7 + \sigma_8) \tag{1-46}$$

（2）升降试验法　用单点测定疲劳极限较简单，但结果分散性较大，测得的疲劳极限精度低。因此国家标准 GB/T 3075 和 GB/T 4337 都规定用升降法测定疲劳极限。采用升降法试验时，有效试样数量要求 13 根以上，应力增量 $\Delta\sigma$ 一般为预计疲劳极限的 3% ~ 5%，试验一般在 3 ~ 5 级应力水平下进行，第一根试样的应力水平应略高于预计的疲劳极限，根据上一根试样的试验结果（破坏或通过），决定下一根试样的应力（降低或升高），直至完成全部试验，下面对升降试验法及其数据处理进行详细说明。

第一步是估算材料的疲劳极限。大量的实验研究表明，材料的疲劳极限与抗拉强度之间存在一定的关系。对于钢材，当 $\sigma_b \leq 1300\text{MPa}$ 时，$\sigma_{-1} = (0.40 \sim 0.48)\sigma_b$，当 $\sigma_b > 1300\text{MPa}$ 时，$\sigma_{-1} = (0.39 \sim 0.43)\sigma_b$；对于铸铁，$\sigma_{-1} = (0.34 \sim 0.48)\sigma_b$。在难以预先知道材料疲劳极限

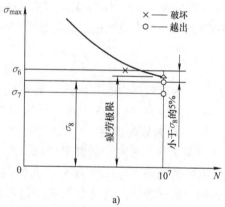

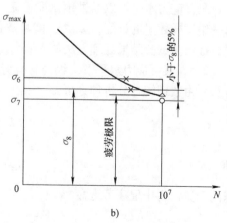

图 1-43　单点法示意图

估计值的情况下，一般要用 2~4 根试样进行预备性试验，以取得疲劳极限的估计值。预备性疲劳试验的结果可以作为绘制升降图的数据点。

第二步是确定应力增量 $\Delta\sigma$。得到疲劳极限的估计值 σ_{-1} 后，则可取（3%~5%）σ_{-1} 作为应力增量 $\Delta\sigma$。试验在 3~5 级应力水平下进行，试验过程中，应力增量保持不变。首先取高于疲劳极限估计值的应力水平值 σ_0 开始试验，然后逐渐下降，如图 1-44 所示。在 σ_0 应力作用下，第 1 根试样在未达到指定寿命 N_0 之前破坏，于是第 2 根试样在低一级应力水平 σ_1 下进行试验，进行到第 4 根试样时，因该试样在 σ_3 作用下经过 N_0 次循环没有破坏而通过，则随后的一次试验就要求在高一级的应力水平 σ_2 作用下进行。凡前一根试样通过，则随后的一次试验就要在高一级的应力水平下进行。凡前一根试样在小于 N_0 次循环破坏，则随后的一次试验就要在低一级应力水平下进行。依此类推，直至完成全部试验。

图 1-44 的升降图表示的是 16 根试样的试验结果。处理试验数据时，第一次出现相反结果数据及以后的数据均为有效数据。对于第一次出现相反结果以前的试验数据，若在以后试验数据的波动范围之外，则予以舍去；若在以后试验数据的波动范围之内，则作为有效数据，加以利用。陆续将它们平移到第一对相反结果之后，作为该试样在相应应力水平下的第一个有效数据。这时疲劳极限的计算公式为

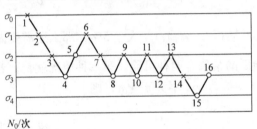

图 1-44 升降法示意图

$$\sigma_r = \frac{1}{m}\sum_{i=1}^{n} N_i\sigma_i \tag{1-47}$$

式中，m 为有效试验的总次数（破坏或通过的数据均计算在内）；n 为试验应力水平级数；σ_i 为第 i 级应力水平；N_i 为第 i 级应力水平下的试验次数。

2. S-N 曲线的测定

测定 S-N 曲线时，通常至少取 5 级应力水平。单点试验法的实验数据可以绘制 S-N 曲线。升降法的数据可以作为 S-N 曲线的低应力水平点。其他 3~4 级较高应力水平下的试验，用成组试验法。高应力水平间隔可以取得大一些，随着应力水平的降低，间隔越来越小，最高应力水平可以通过预试验确定。一般预试验应力 $\sigma_{max} = (0.6~0.7)\sigma_b$。成组法中每一组试样数量的分配，取决于试验数据的分散度和所要求的置信度，通常一组取 5 根试样，成组法试验结果处理方法如下：

1）在某一应力水平下，组内各疲劳寿命大部分在 10^6 以下时，对数疲劳寿命按照正态分布，由数理统计分析理论可知

$$\overline{X} = \frac{1}{n}\sum_{i=1}^{n} \lg N_i \tag{1-48}$$

即

$$\lg N_{50} = \frac{1}{n}\sum_{i=1}^{n} \lg N_i \tag{1-49}$$

取反对数，得中值疲劳寿命

$$N_{50} = \lg^{-1}\left(\frac{1}{n}\sum_{i=1}^{n} \lg N_i\right) \tag{1-50}$$

式中，$\bar{X}$ 为对数疲劳寿命平均值；N_{50} 为中值疲劳寿命；n 为每组试样数量，也称为子样；N_i 为组内第 i 根试样的疲劳寿命。

2）在某一应力水平下，组内各疲劳寿命大部分都分布在 10^6 以上，特别是在 10^7 以上，则应取这组疲劳寿命的中值作为中值疲劳寿命 N_{50}。如组内试样数为奇数，则中值就是居中的那个疲劳寿命值；如组内试样数为偶数，则中值就是居于中间两个数的算术平均值。显而易见，中值的大小只取决于居中的那一两个数值，与其他数据的具体大小无关。因此，对于一组中那些高寿命的试样不必试验至破坏，只要知道它大于中间值就可以了。我们称这种试验为"夭折试验"，采用夭折试验法可以节约大量时间。

按照上述方法，可以得到各应力水平所对应的中值疲劳寿命 N_{50}，以应力 σ 为纵坐标、N_{50} 为横坐标绘制 S-N 曲线。实际中大都采用单对数坐标 $\lg N_{50}$-σ 或双对数坐标 $\lg N_{50}$-$\lg\sigma$ 来绘制 S-N 曲线，实验表明，两种坐标系的曲线形状大致相同。图 1-45 给出了 30CrMnSiA 合金钢的 S-N 曲线。

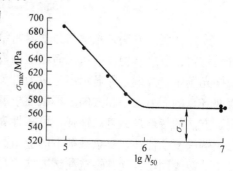

图 1-45　合金钢材料 S-N 曲线

五、实验步骤

1. 试样准备和测量尺寸

1）检查试样表面加工质量，有无缺陷或伤痕。

2）在标距内三处测量试样直径，取最小值为计算面积之用。

3）预试验。用单点法测疲劳极限，取一根试样进行静拉伸试验测出 σ_b；用升降法预测疲劳极限，取 2~4 根试样预测 σ_{-1}。

2. 试验机准备

1）开动电动机使其空转，检查电动机运转是否正常。

2）将检验棒装于试验机上，慢慢转动试验机主轴，用百分表沿检验棒的试验部分或沿其自由端测得的径向圆跳动量不大于 0.02mm。

3. 安装试样

将试样装入试验机，牢固夹紧，并使其与试验机主轴保持良好同轴，当用手慢慢转动试验机主轴时，用百分表在纯弯试验机的主轴上或悬臂式试验机上自由端测得的径向圆跳动量不大于 0.03mm。启动试验机后，空载正常运转时在主轴筒加力部位测得的径向圆跳动量应小于 0.06mm。装试样时切忌接触试样试验部分表面。

4. 检查和试车

请教师检查以上步骤后，开动试验机。

5. 进行试验

开动试验机，迅速而平稳地将砝码加到规定值，并记录转数计初始读数。试样经历一定次数的循环后发生断裂，试验机自动停机，记录转数计末读数。转数计末读数减去转数计初始读数即得试样的疲劳寿命。观察断口形貌，注意疲劳破坏特征。

6. 结束工作，整理现场。

六、实验结果处理

测疲劳极限，单点法用式（1-44）~式（1-46）计算；升降法用式（1-47）计算，并绘如图 1-43 所示的升降图。测 S-N 曲线，用式（1-48）～式（1-50）和取中值法计算，用单对数或双对数表示，用曲线或直线拟合。

七、思考题

1）升降法与单点法比较，在测疲劳极限 σ_r 时有什么好处？
2）疲劳破坏有哪些基本特征？

第十二节　光弹性实验

光弹性测试方法是光学与力学紧密结合的一种测试技术。它采用具有暂时双折射性能的透明材料，制成与构件形状几何相似的模型，使其承受与原构件相似的载荷。将此模型置于偏振光场中，模型上即显示出与应力有关的干涉条纹图。通过分析计算即可得知模型内部及表面各点的应力大小和方向。再依照模型相似原理就可以换算成真实构件上的应力。光弹性测试方法的特点是，直观性强，可靠性高，能直接观察到构件的全场应力分布情况。特别是对于解决复杂构件、复杂载荷下的应力测量问题，以及确定构件的应力集中部位、测量应力集中系数等问题，光弹性法测试方法更显得有效。

一、实验目的

1）了解光弹性实验的基本原理和方法，认识偏光弹性仪。
2）观察模型受力时的条纹图案，识别等差线和等倾线，了解主应力差和条纹值的测量。

二、实验设备

1）由环氧树脂或聚碳酸酯制作的试样模型一套。
2）偏光弹性仪。

三、实验原理

1. 明场和暗场

由光源 S、起偏镜 P 和检偏镜 A 就可组成一个简单的平面偏振光场。起偏镜 P 和检偏镜 A 均为偏振片，各有一个偏振轴（简称为 P 轴和 A 轴）。如果 P 轴与 A 轴平行，由起偏镜 P 产生的偏振光可以全部通过检偏镜 A，从而形成一个全亮的光场，简称为亮场（图 1-46a）；如果 P 轴与 A 轴垂直，由起偏镜 P 产生的偏振光全部不能通过检偏镜 A，从而形成一个全暗的光场，简称为暗场（图 1-46b）。亮场和暗场是光弹性测试中的基本光场。

2. 应力-光学定律

当由光弹性材料制成的模型放在偏振光场中时，如模型不受力，光线通过模型后将不发生改变；如模型受力，将产生暂时双折射现象，即入射光线通过模型后将沿两个主应力方向分解为两束相互垂直的偏振光（见图 1-47），这两束光射出模型后将产生一光程差 δ。实验证明，光程差 δ 与主应力差值 $(\sigma_1-\sigma_2)$ 和模型厚度 t 成正比，即

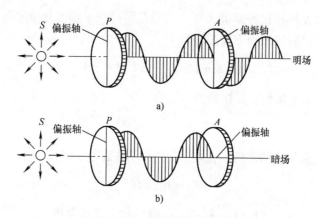

图 1-46　基本光场示意图

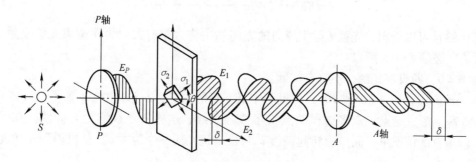

图 1-47　平面光路系统示意图

$$\delta = Ct(\sigma_1 - \sigma_2) \tag{1-51}$$

式中，C 为模型材料的光学常数，与材料和光波波长有关。式（1-51）称为应力-光学定律，是光弹性实验的基础。两束光通过检偏镜后将合成在一个平面振动，形成干涉条纹。如果光源用白色光，看到的是彩色干涉条纹；如果光源用单色光，看到的是明暗相间的干涉条纹。

3. 等倾线和等差线

从光源发出的单色光经起偏镜 P 后成为平面偏振光，其波动方程为

$$E_P = a\sin\omega t$$

式中，a 为振幅；t 为时间；ω 为光波角速度。

E_P 传播到受力模型上后被分解为沿两个主应力方向振动的两束平面偏振光 E_1 和 E_2（见图 1-47）。设 θ 为主应力 σ_1 与 A 轴的夹角，这两束平面偏振光的振幅分别为

$$a_1 = a\sin\theta \quad a_2 = a\cos\theta$$

一般情况下，主应力 $\sigma_1 \neq \sigma_2$，故 E_1 和 E_2 会有一个角程差

$$\varphi = \frac{2\pi}{\lambda}\delta \tag{1-52}$$

假如沿 σ_2 的偏振光比沿 σ_1 的慢，则两束偏振光的振动方程是

$$E_1 = a\sin\theta\sin\omega t$$

$$E_2 = a\cos\theta\sin(\omega t - \varphi)$$

当上述两束偏振光再经过检偏镜 A 时，都只有平行于 A 轴的分量才可以通过，这两个分量在同一平面内，合成后的振动方程是

$$E = a\sin2\theta\sin\frac{\varphi}{2}\cos\left(\omega t - \frac{\varphi}{2}\right)$$

式中，E 仍为一个平面偏振光，其振幅为

$$A_0 = a\sin2\theta\sin\frac{\varphi}{2}$$

根据光学原理，偏振光的强度与振幅 A_0 的平方成正比，即

$$I = Ka^2\sin^2 2\theta\sin^2\frac{\varphi}{2}$$

式中，K 为光学常数。把式（1-51）和式（1-52）代入上式可得

$$I = Ka^2\sin^2 2\theta\sin^2\frac{\pi Ct(\sigma_1 - \sigma_2)}{\lambda} \tag{1-53}$$

由式（1-53）可以看出，光强 I 与主应力的方向和主应力差有关。为使两束光波发生干涉，相互抵消，必须 $I=0$。所以

1）$a=0$，即没有光源，不符合实际。

2）$\sin2\theta=0$，则 $\theta=0°$ 或 $90°$，即模型中某一点的主应力 σ_1 方向与 A 轴平行（或垂直）时，在屏幕上形成暗点。众多这样的点将形成暗条纹，这样的条纹称为等倾线。在保持 P 轴和 A 轴垂直的情况下，同步旋转起偏镜 P 与检偏镜 A 任一个角度 α，就可得到 α 角度下的等倾线。

3）$\sin\dfrac{\pi Ct(\sigma_1 - \sigma_2)}{\lambda}=0$，即

$$\sigma_1 - \sigma_2 = \frac{n\lambda}{Ct} = n\frac{f_\sigma}{t} \qquad (n = 0, 1, 2, \cdots) \tag{1-54}$$

式中，f_σ 为模型材料的条纹值。满足式（1-54）的众多点也将形成暗条纹，该条纹上各点的主应力之差相同，故称这样的暗条纹为等差线。随着 n 的取值不同，可以分为 0 级等差线、1 级等差线、2 级等差线……

综上所述，等倾线给出模型上各点主应力的方向，而等差线可以确定模型上各点主应力的差（$\sigma_1 - \sigma_2$）。但对于单色光源而言，等倾线和等差线均为暗条纹，难免相互混淆。为此，在起偏镜 P 后面和检偏镜前面分别加入 1/4 波片 Q_1 和 Q_2（见图 1-48），得到一个圆偏振光场，最后在屏幕上便只出现等差线而无等倾线。有关圆偏振光场，这里不再详述，读者可参阅有关专著。

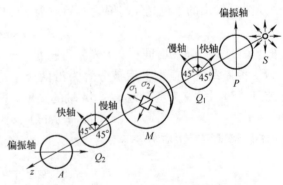

图 1-48　增加 1/4 波片后的光路系统示意图

S—光源　P—起偏镜　Q_1、Q_2—1/4 波片

M—实验模型　A—检偏镜

四、演示实验

1. 用对径受压圆盘测材料的条纹值

对于图 1-49a 所示的对经受压圆盘，由弹性力学可知，圆心处的主应力为

$$\sigma_1 = \frac{2F}{\pi Dt} \quad \sigma_2 = -\frac{6F}{\pi Dt}$$

代入光弹性基本方程式（1-54）可得

$$f_\sigma = \frac{t(\sigma_1 - \sigma_2)}{n} = \frac{8F}{\pi Dn}$$

对应于一定的外载荷 F，只要测出圆心处

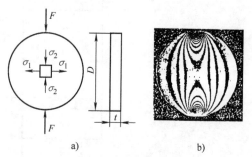

图 1-49 对径受压圆盘实验

的等差线条纹级数 n，即可求出模型材料的条纹值 f_σ。实验时，为了较准确地测出条纹值，可适当调整载荷大小，使圆心处的条纹正好是整数级。

2. 测定纯弯曲梁横截面上的正应力

对于图 1-50a 所示的梁，在其纯弯曲段，横截面上只有正应力，而无切应力，且

$$\sigma_1 = \frac{My}{I_z}$$

$$= \frac{\frac{1}{2}Fay}{\frac{bh^3}{12}} = \frac{6Fa}{bh^3}y$$

$$\sigma_2 = 0$$

代入光弹性基本方程式（1-54）得

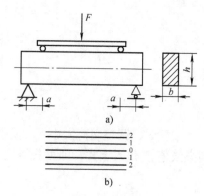

图 1-50 纯弯曲梁实验

$$\sigma_1 = \frac{6Fa}{bh^3}y = \frac{nf_\sigma}{b}$$

在已知材料条纹值 f_σ 的情况下，测出加载后 y_i 处的条纹级数 n_i，就可计算出该点的弯曲正应力

$$\sigma_i = \frac{n_i f_\sigma}{b}$$

3. 含有中心圆孔薄板的应力集中观察

图 1-51 为带有中心圆孔薄板受拉时的情形。孔的存在，使得孔边产生应力集中。孔边 A 点的理论应力集中因数为

$$K_t = \frac{\sigma_{max}}{\sigma_m}$$

式中，σ_m 为 A 点所在横截面的平均应力，即

$$\sigma_m = \frac{F}{at}$$

σ_{max} 为 A 点的最大应力。因为 A 点为单向应力状态，$\sigma_1 = \sigma_{max}$，$\sigma_2 = 0$，由式（1-54）可得

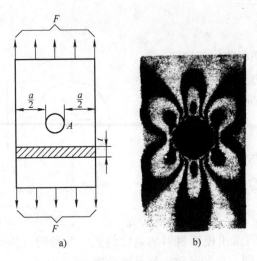

图 1-51 孔边应力集中实验

$$\sigma_{\max} = \frac{n f_\sigma}{t}$$

因此

$$K_t = \frac{n f_\sigma \cdot a}{F}$$

　　实验时，调整载荷大小 F，使得通过 A 点的等差线恰好为整数级 n，再将预先测好的材料条纹值 f_σ 代入上式，即可获得理论应力集中因数 K_t。

第二章　综合性、思考性实验

第一节　偏心拉伸实验

一、概述

工程中的受拉构件，常常由于载荷作用线偏离构件轴线而形成偏心拉伸，从而降低了构件的承载能力，其影响程度取决于偏心距的大小。另外，用受拉试样测定材料的弹性模量时，很难保证拉力通过试样的轴线，严格来说，也是偏心拉伸问题。本实验就偏心拉伸试样的偏心距和材料的弹性模量进行测定。

二、实验目的

1）测定偏心拉伸试样的偏心距和材料的弹性模量。
2）练习桥路连接方法。

三、实验设备和试样

1）偏心拉伸试样如图 2-1 所示。试样两侧面贴有四枚沿试样轴线方向的电阻应变片 R_1、R_2、R_3 和 R_4，并备有温度补偿片供组桥用。

2）万能试验机。
3）静态电阻应变仪。
4）游标卡尺。

四、实验内容与要求

1）用游标卡尺测量试样横截面尺寸 b、h。

2）估算载荷的初始值 F 和最大值 F_{max}。

3）掌握试验机的操作方法，准确读取载荷数值。

4）用 1/4 桥测试法测定材料的弹性模量 E 和偏心拉伸试样的偏心距 e。

5）用半桥自补偿法测定偏心距 e。

6）用全桥自补偿法测定偏心距 e。

7）用全桥或半桥（可以用补偿片）测

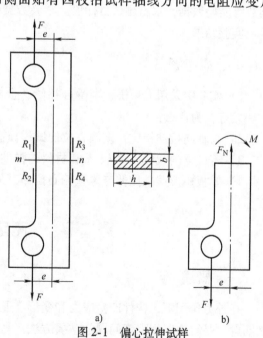

图 2-1　偏心拉伸试样
a）受力和应变片布置图　b）内力图

试法测定材料的弹性模量 E。

五、提示

用截面法将试样从 m-n 截面截开（见图 2-1b），该截面上的内力有轴力 F_N 和弯矩 M，大小是

$$F_N = F \quad M = Fe$$

试样是拉伸和弯曲组合变形。

在试样左侧面，有

$$\sigma' = \frac{F}{A} + \frac{Fe}{W}$$

$$\varepsilon' = \frac{1}{E}\left(\frac{F}{A} + \frac{Fe}{W}\right)$$

在试样右侧面，有

$$\sigma'' = \frac{F}{A} - \frac{Fe}{W}$$

$$\varepsilon'' = \frac{1}{E}\left(\frac{F}{A} - \frac{Fe}{W}\right)$$

利用以上关系式，结合测量电桥的特性，进行适当的组桥，不难达到实验要求。

六、实验报告要求

针对"实验内容与要求"中的 4)、5)、6)、7) 各项，分别画出组桥接线图，得出测试目标 E、e 与应变仪读数应变间的关系式。根据试样截面尺寸、载荷大小及对应的应变仪读数等实验数据，求出测试目标值。学会数据处理表格化，自己设计简单明了的表格来处理以上实验结果。

七、思考题

1）实验中采用 1/4 桥、半桥自补偿、全桥自补偿三种方法测量偏心距 e，你认为哪种方法较好？为什么？

2）与轴向拉伸相比，该偏心拉伸试样横截面内的最大正应力提高了多少？

3）若试样的截面尺寸 b、h 和材料的弹性模量 E 已知，欲测外加载荷 F，应如何进行？

4）厚板矩形偏心拉伸与薄壁偏心拉伸有何异同，为什么？

第二节 测定未知载荷实验

一、概述

在外力作用下，构件产生应力和变形。通过应力应变的实测和分析，进而研究构件的强度问题，是解决工程强度问题的重要方法。另外，通过应力应变测试，分析构件受力，甚至控制载荷的大小，也是工程上经常遇到的问题。本实验以较为简单的悬臂梁为对象，进行基

本的训练。

二、实验目的

1）用应变电测法测定悬臂梁自由端的未知载荷和固定端的支反力偶。
2）训练电测技术中的组桥技巧。

三、实验设备

1）等截面悬臂梁（见图2-2）。截面尺寸 b、h 和贴片位置 a 已知，材料的弹性模量 E 已知。在 A 截面的上表面并排粘贴应变片1和2，下表面贴应变片3，在 B 截面的上、下表面分别贴应变片4和5。各应变片均沿梁的轴线方向。
2）静态电阻应变仪。

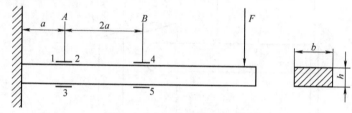

图2-2　未知载荷装置示意图

四、实验内容与要求

1）根据实验目的1）的要求，思考并拟定实验方案。
2）独立完成实验，包括接线、加载、读取和记录实验原始数据等。
3）现场计算出加载砝重量和支反力偶，经教师认可后，结束实验，使装置和仪器复原。

五、实验报告要求

画出测量加载砝重量和固定端支反力偶的应变片组桥接线图，写出用读数应变 ε_r 表示未知载荷 F 和支反力偶 M 的表达式。整理实验数据，求出自由端的未知载荷和固定端的支反力偶。

六、思考题

利用该实验装置，能否测出施力点的挠度（所有条件与本实验相同）？请给出施力点的挠度计算公式和挠度值。

第三节　组合变形实验

（一）拉扭弯联合作用下薄壁圆管应力与内力的测量实验

1. 概述

在复杂受载情况下，测定构件某一点的主应力和主方向，进而进行强度分析，是工程中经常遇到的问题。此外，单独测出组合变形情况下构件截面上的某一个内力，对于分析或调整构件的受力也是必要的。本实验以工程实际中广泛使用的圆管为对象，进行必要的基本训练。

2. 实验目的

1）测定圆管外表面指定点的主应力大小和方向，并与理论值比较。

2）测定指定截面上的某一个内力，并与理论值比较。

3. 实验设备

薄壁圆管拉扭弯组合变形实验装置如图2-3a所示。薄壁圆管试样4的一端固定在支座1上，另一端通过直角拐臂5、加力顶杆8和加载手轮9施加载荷。直角拐臂5上的测力传感器6与载荷数字显示仪7连接，可测出施加载荷的大小。在试样4的同一横截面上贴有四枚应变花2，贴片位置如图2-3b所示。各应变片的实测应变值由数字电阻应变仪3读出。

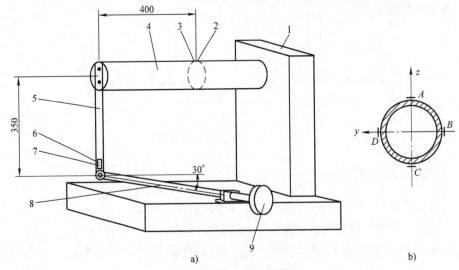

图 2-3　组合变形实验装置

a）装置示意图　b）贴片位置示意图

1—支座　2—应变花　3—数字电阻应变仪　4—薄壁圆管试样　5—直角拐臂

6—测力传感器　7—载荷数字显示仪　8—加力顶杆　9—加载手轮

4. 内力与应变分析

圆管横截面上的内力如图2-4a所示，存在有轴力 F_N，扭矩 T_x，弯矩 M_y、M_z 以及剪力 F_Q 等。

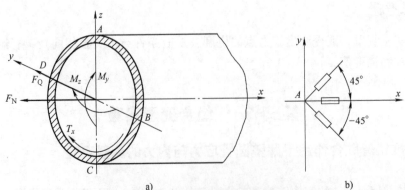

图 2-4　拉弯扭薄壁圆管横截面上的内力

a）内力分析图　b）A 点应变花示意图

管壁上任一点均为复杂应力状态，且主方向未知。为了测出主应力和主方向，在各测点贴上45°应变花。图2-4b 所示为测点 A 的应变花。

由材料力学可知，任意方向上的线应变 ε_α 与 ε_x、ε_y 和 γ_{xy} 的关系为

$$\varepsilon_\alpha = \frac{\varepsilon_x + \varepsilon_y}{2} + \frac{\varepsilon_x - \varepsilon_y}{2}\cos2\alpha - \frac{\gamma_{xy}}{2}\sin2\alpha \qquad (2\text{-}1)$$

把应变花的三个已知值 $\varepsilon_{45°}$、$\varepsilon_{0°}$、$\varepsilon_{-45°}$ 代入式（2-1）得

$$\begin{cases} \varepsilon_{45°} = \dfrac{\varepsilon_x + \varepsilon_y}{2} - \dfrac{\gamma_{xy}}{2} \\[2mm] \varepsilon_{0°} = \varepsilon_x \\[2mm] \varepsilon_{-45°} = \dfrac{\varepsilon_x + \varepsilon_y}{2} + \dfrac{\gamma_{xy}}{2} \end{cases}$$

由上式解得

$$\varepsilon_x = \varepsilon_{0°}$$

$$\varepsilon_y = \varepsilon_{45°} + \varepsilon_{-45°} - \varepsilon_{0°}$$

$$\gamma_{xy} = \varepsilon_{-45°} - \varepsilon_{45°}$$

根据应变分析理论，主应变大小为

$$\varepsilon_{1,2} = \frac{\varepsilon_{-45°} + \varepsilon_{45°}}{2} \pm \frac{\sqrt{2}}{2}\sqrt{(\varepsilon_{-45°} - \varepsilon_{0°})^2 + (\varepsilon_{0°} - \varepsilon_{45°})^2} \qquad (2\text{-}2)$$

主应变（或主应力）方向为

$$\alpha_0 = \frac{1}{2}\arctan\frac{\varepsilon_{45°} - \varepsilon_{-45°}}{2\varepsilon_{0°} - \varepsilon_{45°} - \varepsilon_{-45°}} \qquad (2\text{-}3)$$

由广义胡克定律，可求得主应力大小为

$$\begin{cases} \sigma_1 = \dfrac{E}{1 - \mu^2}(\varepsilon_1 + \mu\varepsilon_2) \\[3mm] \sigma_2 = \dfrac{E}{1 - \mu^2}(\varepsilon_2 + \mu\varepsilon_1) \end{cases} \qquad (2\text{-}4)$$

通过式（2-3）可解出相差 $\dfrac{\pi}{2}$ 的两个 α_0，确定两个相互垂直的主方向，它们分别与两个主应力 σ_1 和 σ_2 对应。具体对应关系可查阅有关材料力学理论[⊖]。

5. 实验内容与要求

1）根据引线的编组和颜色，仔细识别引线与应变片的对应关系。

2）打开应变仪和载荷显示仪。通过加载手轮施加一定的载荷，逐点检测各个测点（也可只测某两个点）应变花 3 个应变片的应变值 $\varepsilon_{-45°}$、$\varepsilon_{0°}$、$\varepsilon_{45°}$。求出该测点的主应力和主方向。

3）在完成本实验6第3条要求的基础上，适当组桥，测出轴力 F_N，扭矩 T_x，弯矩 M_y、M_z 和剪力 F_Q。

4）参观应力应变自动检测系统及测试结果。

⊖　参见苟文选主编《材料力学》（I），§8-6，科学出版社，2017。

6. 实验报告要求

1）按理论解计算 A、B、C、D 单元体的各应力分量，并找出各点的主单元体，表示在圆管的展开图 2-5a 中。

2）根据实验数据，把各测点的主应力和主方向用主单元体表示在图 2-5b 上。

3）将测试各内力分量的实验方案，填入表 2-1（仿照表中 F_N 的做法，完成其余内力分量的方案）。

4）把实验数据代入表 2-1 中的应变仪读数与内力分量关系式，求出各内力分量值，填入表 2-2。

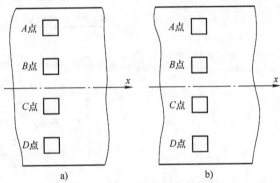

图 2-5　各点应力大小和方向

a) 理论值　b) 实验值

表 2-1　实验数据（一）

测试目的	F_N	T_x	M_y	M_z	F_Q
选应变片并组桥	$R_{A,0°}$ R_t R_t $R_{C,0°}$（桥路图 A B C D）				
应变仪读数与内力分量关系式	$\varepsilon_r = 2\dfrac{F_N}{EA}$				

表 2-2　实验数据（二）

载荷/N	F_N/N	T_x/(N·m)	M_y/(N·m)	M_z/(N·m)	F_Q/N

7. 思考题

1）比较各测点主应力的理论解与实测值的差异，简要分析产生差异的原因。

2）分析各个内力在每个应变片上产生的应变值，填入表 2-3。表中 A 点应变花的 3 个应变值已列出，完成其余 3 个点。

表 2-3　各应变片的应变值与内力分量间的关系分析

应变片		F_N	T_x	M_y	M_z	F_Q
A 点	45°	$\dfrac{\varepsilon_N}{2}(1-\mu)$	$-\varepsilon_T$	$\dfrac{\varepsilon_{M_y}}{2}(1-\mu)$	0	$-\varepsilon_{F_S}$
	0°	$\varepsilon_N = \dfrac{F_N}{EA}$	0	$\varepsilon_{M_y} = -\dfrac{M_y}{EW}$	0	0
	−45°	$\dfrac{\varepsilon_N}{2}(1-\mu)$	$\varepsilon_T = \dfrac{1+\mu}{E}\times\dfrac{T_x}{W_P}$	$\dfrac{\varepsilon_{M_y}}{2}(1-\mu)$	0	$\varepsilon_{F_Q} = \dfrac{1+\mu}{E}\cdot\dfrac{2F_Q}{A}$

（续）

应 变 片		F_N	T_x	M_y	M_z	F_Q
B 点	45°					
	0°					
	−45°					
C 点	45°					
	0°					
	−45°					
D 点	45°					
	0°					
	−45°					

（二）薄壁圆管分别在弯扭联合作用与纯扭转作用下的主应力测量实验

1. 实验目的

1）测定弯扭联合作用下薄壁圆管外表面指定点的主应力大小和方向，并与理论值比较。

2）测定扭转载荷作用下薄壁圆管外表面指定点的主应力大小和方向，并与理论值比较。

3）测定两结构指定截面的内力大小，并与理论值比较。

2. 实验设备

图 2-6a 是弯扭联合作用的薄壁实验装置示意图，图 2-6b 是纯扭转作用的薄壁实验装置示意图，后者比前者在自由端多了个铰支座。

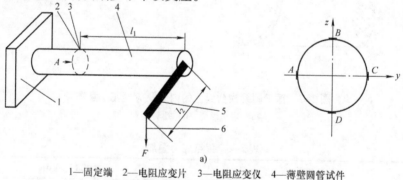

1—固定端　2—电阻应变片　3—电阻应变仪　4—薄壁圆管试件
5—力臂　6—手轮加载显示

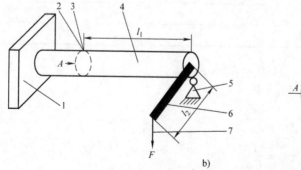

1—固定端　2—电阻应变片　3—电阻应变仪　4—薄壁圆管试件
5—铰支座　6—力臂　7—手轮加载显示

图 2-6　组合变形实验装置及贴片位置示意图

a）弯扭联合作用装置示意图　b）纯扭转装置示意图

主要实验仪器是多通道静态电阻应变仪。

3. 实验原理

（1）理论计算　薄壁圆管横截面上的内力如图 2-7 所示，弯扭组合结构的内力分别为剪力 F_S、扭矩 T_x 和弯矩 M_y，其中 $F_S = F$，$T_x = Fl_2$，$M_y = Fl_1$。纯扭转结构内力仅有扭矩 $T_x = Fl_2$。各应力分项按照式（2-5）~式（2-9）计算，各点应力叠加按照表 2-4 进行。

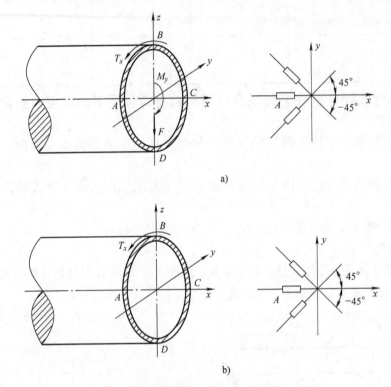

图 2-7　薄壁圆管横截面上的内力及应变花示意图

a）弯扭组合　b）扭转

表 2-4　每点应力叠加

测点	纯扭转				弯扭联合作用			
	A	B	C	D	A	B	C	D
σ_x	0	0	0	0	0	σ_x	0	$-\sigma_x$
τ	τ_T	τ_T	τ_T	τ_T	$-\tau_{F_S} + \tau_T$	τ_T	$-\tau_{F_S} + \tau_T$	τ_T

$$\sigma_x = \frac{M_y}{W} \tag{2-5}$$

$$\tau_{F_S} = \frac{2F_S}{A} \tag{2-6}$$

$$\tau_T = \frac{T}{W_P} \tag{2-7}$$

$$\sigma_{1,2} = \frac{\sigma_x}{2} \pm \sqrt{\left(\frac{\sigma_x}{2}\right)^2 + (\tau_{xy})^2} \tag{2-8}$$

$$\tan 2\alpha = \frac{-2\tau_{xy}}{\sigma_x} \tag{2-9}$$

（2）实验原理 测指定点主应力大小和方向的原理与本节实验（一）相同，不再赘述。测出弯曲应变，用式（2-10）计算弯矩

$$M = E\varepsilon_z W \tag{2-10}$$

测出剪切应变，用式（2-11）计算剪力

$$F_S = 2G\gamma_{F_s} A \tag{2-11}$$

测出扭转剪切应变，用式（2-12）计算扭矩

$$T_x = G\gamma_T W_P \tag{2-12}$$

不难发现，式（2-10）～式（2-12）是由式（2-5）～式（2-7）利用胡克定律推导出来的，这也是应变式载荷传感器的原理。

（3）几点要求

1）弯扭联合作用的应力测量，自由端无铰支座。

2）纯扭转作用下的应力测量，安装好自由端铰支座，调整螺钉使支撑滚轮恰好接触圆管下表面，保证无额外的向上支反力。

3）根据引线的编组和颜色，确定应变片位置和方向，与应变仪通道依次对应接线，记录准确，防止出错。表面顺时针转动，遇到的第一枚应变片为45°方向，依次为0°、−45°方向，记为$\varepsilon_{45°}$、$\varepsilon_{0°}$、$\varepsilon_{-45°}$。

4）打开应变仪和载荷显示器，通过加载手轮施加一定的载荷，逐点检测各个测点应变花3个应变片的应变值$\varepsilon_{-45°}$、$\varepsilon_{0°}$、$\varepsilon_{45°}$，加载三次，取平均值，最后求出该测点的主应力和主方向。

5）主应力测量采用1/4桥，内力测量建议按图2-8～图2-10给出的最佳组桥图接线。

测扭矩T_x，选用B、D两点的±45°方向应变片组成全桥，如图2-8所示，测得的应变除以2，得到γ_T。

测弯矩M_z，用B、D两点0°方向的应变片组成半桥，如图2-9所示，测得的应变除以2，可以得到ε_z。

测剪力F_S，用A、C两点45°和−45°方向的应变片组成全桥，如图2-10所示，测得的应变除以2得到γ_F。

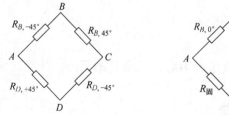

图2-8 扭矩测量组桥图

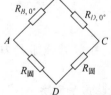

图2-9 弯矩测量组桥图

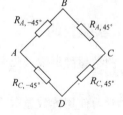

图2-10 弯力测量组桥图

4. 实验步骤

1）测量薄壁圆管的外径D和内径d，装置尺寸l_1和l_2，记录材料的弹性模量E和泊松比μ。

2）接线组桥，辨别导线颜色，确定应变片导线编号和方向，与应变仪通道一一对应，避免记录错误。

3）打开电源，预热 30min（也可以在接线前预热仪器）。

4）调整应变仪灵敏系数。

5）应变仪每个通道调零，依次检查至少三次零点（不调零记录初始应变也可）。

6）确定实验最大载荷、初始载荷（消除间隙误差）、载荷增量。

7）按照确定的载荷情况逐级加载，记录应变，反复三次。

8）实验结束，载荷卸为零，拆除导线，复原仪器，整理卫生。

5. 实验结果处理

自行设计记录表格，按要求计算出主应力大小、方向、各内力值，画出主单元体图，与理论值比较，给出误差大小。

6. 注意事项

1）导线务必定位定通道，不能乱拉乱扯。

2）不能超载，防止损坏薄壁试样。

3）注意保护应变花，防止损坏。

7. 思考题

1）测定弯扭组合的内力扭矩 T_x，能否用 A、C 两点的应变花组桥？

2）加载后 A、B、C、D 四点 $\pm45°$ 方向的应变数值是否相等，为什么？

3）测内力，能否采用半桥或 1/4 桥，为什么？

4）对加载的最大载荷有无限制，为什么？

5）如果纯扭转装置自由端铰支座调整达不到要求，会对实验结果产生什么影响？

第四节　　**超静定梁实验**

一、概述

本实验利用功互等定理，是把欲测的力学量——力，转化成对另一个力学量——位移的检测。位移的测定采用非接触式，拓宽了测试方法。实验还可帮助对求解超静定问题的理解。

二、实验目的

1）测量超静定梁（见图 2-11）在 C 处施加 F 力时，支座 B 的反力，并与理论解进行比较。

2）学习使用读数显微镜测量梁挠度的方法。

3）领会功互等定理的应用，深入理解用变形比较法求解超静定问题的要领。

三、实验设备

1）超静定梁实验装置如图 2-11a 所示，梁的 A 端固定，B 端铰支，支点可以上下升降。

2）两台读数显微镜，置于梁的侧面，以观测梁的挠度。

3）加载砝码。

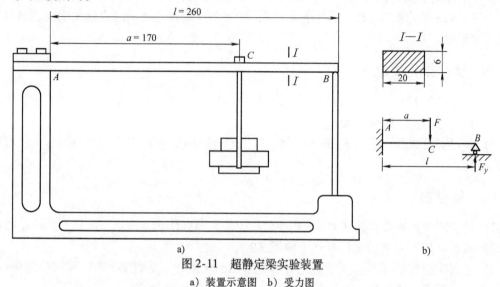

图 2-11　超静定梁实验装置

a）装置示意图　b）受力图

四、实验内容与要求

1）根据实验目的 1）的要求，拟定实验方案和操作步骤。

2）独立完成实验。记录有关实验数据。

3）根据实验数据求出支反力的数值，经教师认可后，结束实验。若实验方案不合理，或操作步骤有误而导致实测值与理论值相差较大，要重新思考，重新进行实验，直至达到目的。

五、提示

该超静定梁的受力简图如图 2-11b 所示。去除"多余"约束支座 B，用支反力 F_y 代替，得到图 2-12a 所示的相当系统。该系统中，B 点的挠度必须为零，即

$$f_B = 0$$

在线弹性、小变形情况下，B 点的挠度是 F 和 F_y 在 B 点产生的挠度的叠加，所以

$$f_{B,F} + f_{B,F_y} = 0 \tag{2-13}$$

由式（2-13）可求得

$$F_y = \frac{a^2(3l - a)F}{2l^3} \tag{2-14}$$

这是支反力 F_y 的理论解。

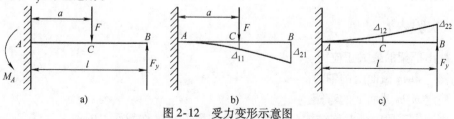

图 2-12　受力变形示意图

a）受力图　b）F 作用变形图　c）F_y 作用变形图

实验只提供了测定位移的条件，而无测力手段。故需要把力和位移联系起来，这就是功。把图 2-12a 看作图 2-12b、c 的叠加，写出功互等定理表达式。由表达式明确测试目标，拟定实验步骤。

六、实验报告要求

1）结合图 2-12b、c，写出功互等定理表达式。

2）详细写出实验操作步骤。

3）整理实验数据，求出 F_y 的实测值，再由式（2-14）计算出 F_y 的理论值，并计算两者的误差。

七、思考题

1）除了用读数显微镜测试 C、B 截面的挠度外，还有什么方法可以测试？优缺点如何？

2）式（2-13）对实验操作有何指导意义？

3）根据实验数据（不需经过理论计算），求出静定梁（见图 2-12b）和超静定梁（见图 2-12a）C 截面的挠度值。两者相差的百分数是多少？说明什么？

第五节 超静定框架实验

一、概述

框架是工程实际中常见的结构形式，例如飞机的机架、汽车的车架、各种机器的机架以及自行车的车架等，都是框架结构。这些框架都是超静定结构，其内力、应力往往比较复杂，难以在理论上得到准确的答案。实测是一种行之有效的方法。

二、实验目的

1）通过对称框架在对称载荷作用下的电测实验，学习复杂受力结构内力、应力及变形等力学量的基本测试方法。

2）培养根据实验目标建立合理的实验方案的思想方法。

三、实验设备和试样

1）加载架。

2）数字式静态电阻应变仪。

3）框架试样，其几何尺寸及受载情况如图 2-13 所示。

四、实验内容

1）测出框架的最大正应力。

2）测定 m-m 截面上的轴力。

3）测定 m-m 截面上的弯矩。

4）用测试手段验证对称结构，在对称载荷作用下，对称截面上的剪力为零。

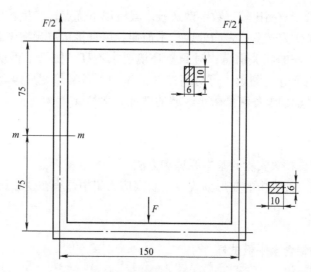

图 2-13 超静定框架实验装置示意图

5）测定框架下拐角处在受载后角度的改变量。

五、预习要求及准备工作

1）复习材料力学超静定框架有关内容，作出框架的轴力图、剪力图和弯矩图。

2）根据试样形状、尺寸以及实验内容，选择应变片类型，拟定贴片方案（包括贴片位置和应变片数量）。

3）拟定应变片接线方案和测试步骤。

六、实验报告要求

1）画出框架上电阻应变片的布片图，并标明序号。

2）画出与每一种测试目标相对应的桥路图，并在桥臂上标出采用框架上的哪个应变片。

3）根据测量数据，计算框架的最大正应力、m-m 截面上的轴力与弯矩值，并与理论值进行比较。

4）简要说明你所采用的测试对称截面上剪力为零的测试方法及其理由。

5）计算出框架下拐角处角度的改变量。

第六节 用数字散斑图像技术测量应变演示实验

数字散斑图像测量方法（Digital Image Correlation，简称 DIC）是一种对全场位移和应变进行量化分析的实验光测力学方法，也称为电子散斑方法。该方法的基本思想是首先需要在被测表面喷洒黑白相间、均匀细小的斑点（一般用黑白颜色自喷漆），实验测量变形前要在图像中选取一个子区（一般为矩形），利用子区中的散斑灰度信息，在变形后的图像中寻找其所对应的位置，从这些子区的位置和形状变化，就能得到物体在这一点上的位移和应变数值。与其他变形测量手段相比较，数字散斑技术具有以下优点：非接触性、无损测量；光路简单，可以使用白光作为光源；表面处理技术简便，可直接从被测物体表面自然或人工形成的随机特征来提取所需的相关信息；对测量环境要求不高，便于工程现场应用；可以在高温、高压等恶劣环境下进行测量；可对高速冲击振动、高温热变形等动态过程进行检测分析；同时可配合显微辅助设备测量微小区域的细观力学参量。

一、实验目的

1）了解数字图像相关实验的基本原理和方法。
2）观察模型受力过程中的变形场改变，观察应力集中过程在变形场中的表现。

二、实验设备

1）带中心孔的铝合金平板试样。
2）电子万能试验机。
3）图像采集系统及数据处理系统。

三、实验原理

数字图像技术处理的对象为数字化的图像数据。使用数字化图像采集设备（一般为数字摄像机）可以实时采集不同时刻、不同状态下的试样表面图像，经过数字化处理，每幅图像被量化成 $M \times N$ 像素的灰度矩阵后存入硬盘。通常将试样在未变形状态下采集得到的图像称为"参考图像"，而将各个变形状态下采集到的图像称为"变形图像"。在高速高温变形检测过程中，根据动态变形的检测要求选取不同分辨率、不同采集频率的图像采集设备将变形过程进行离散化的记录，对每个变形时间点的数据进行图像相关匹配；如图 2-14 所示，在变形前选取图像中任意一个子区（一般为矩形区域），区域的中心点作为待测点，记为 P (x_0, y_0)；利用子区中的散斑灰度信息作为特征模板，在变形后的图像中寻找其所对应的目标子区，目标子区中心点的图像坐标 $P'(x'_0, y'_0)$，从而获得参考子区在变形过程中的位置和形状变化，通过比较同一子区在变形前后两个状态之间的位置和形状变化，便可以得到物体在该子区点位置的位移和应变。假设变形前图像参考子区中心点 P 的图像坐标为 (x, y)，变形后其对应目标子区的中心点 P' 的图像坐标为 (x', y')，在物体只发生刚体位移的情况下，两点之间的映射关系为零阶映射函数：

$$x' = x + u$$
$$y' = y + v$$

式中，u 是 X 方向的位移分量，单位为像素；v 是 Y 方向的位移分量，单位为像素。

最简单的相关函数（最小距离平方和）可以定义为

$$C_{SSD}(p) = \sum \sum \left[f(x, y) - g(x + u, y + v) \right]^2 \tag{2-15}$$

式中，$f(x, y)$ 为参考子区中任意一点的灰度值；$g(x+u, y+v)$ 为参考子区中任意一点在变形图像中的对应点的灰度值；p 为相关参数向量，取决于所用的映射函数。

变形前的参考子区中的像素点与变形后的目标子区按照映射函数——对应。在这里，假设被测物体发生的是均匀位移，也就是说目标子区相对于参考子区在变形前后的形状没有发

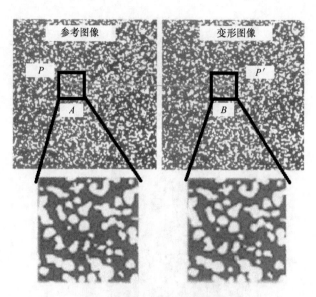

图 2-14 散斑匹配示意图

生变化，则 $p=[u,v]$。

在实际情况下，上面的假设是不全面的。因为一般而言，当物体受力产生变形时，不仅有刚体平移、转动，还会发生伸缩、扭转等变形，因此，物体表面一点的坐标变化除了位移本身外，还需要引入导数项用于反应变形引起的坐标变化。于是，被测物体变形的一阶映射函数为

$$\begin{cases} x' = x + u + \dfrac{\partial u}{\partial x}\Delta x + \dfrac{\partial u}{\partial y}\Delta y \\[2mm] y' = y + v + \dfrac{\partial v}{\partial x}\Delta x + \dfrac{\partial v}{\partial y}\Delta y \end{cases} \qquad (2\text{-}16)$$

式中，u 为目标子区中心点 P' 相对参考子区中心点 P 在 X 方向的位移；v 为目标子区中心点 P' 相对参考子区中心点 P 在 Y 方向的位移；$\dfrac{\partial u}{\partial x}$、$\dfrac{\partial u}{\partial y}$、$\dfrac{\partial v}{\partial x}$、$\dfrac{\partial v}{\partial y}$ 分别为目标子区相对于参考子区的位移梯度。

数字图像相关技术就是通过求取相关系数的极值来完成图像匹配，进而得到相应的位移、应变的。

图 2-15 是一中心开孔铝合金板拉伸试样用 DIC 技术实测的应力云图，可明显看出，孔边载荷方向的应力显著大于其他地方，反映了应力集中现象。

四、实验步骤

1）在试样表面喷洒散斑纹理。

2）按照实验要求安装试样，调整好加载系统。

3）按要求调整好图像采集系统，保证图像显示清晰。

4）记录零载荷的试样初始斑点图像。

5）开始加载，同时记录试样变形图像。

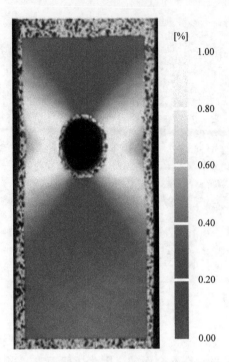

图 2-15　DIC 技术的中心孔边应力云图

6）实时分析图像表面应变场变形情况，观察在拉伸过程中，试样表面的应力集中。

五、思考题

1）与光弹测量相比，数字散斑测量有哪些优缺点？

2）与电测法相比，数字散斑测量有哪些优缺点？

第三章　提高型实验

第一节　应变电测基础和应变片粘贴练习

一、电阻应变片和应变花

1. 应变片的构造与种类

应变片的结构一般由敏感栅、黏结剂、覆盖层、基底和引出线五部分组成（见图3-1）。敏感栅由具有高电阻率的细金属丝或箔（如康铜、镍铬等）加工成栅状，用黏结剂牢固地将敏感栅固定在覆盖层与基底之间。在敏感栅的两端焊有用镀银铜丝制成的引出线，用于与测量电路连接。基底和覆盖层通常用胶膜（有机聚合物）制成，它们的作用是固定和保护敏感栅，当应变片被粘贴在试样表面之后，由基底将试样的变形传递给敏感栅，并在试样与敏感栅之间起绝缘作用。

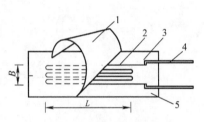

图 3-1　应变片结构图
1—覆盖层　2—敏感栅
3—黏结剂　4—引出线　5—基底

应变片的种类很多，常用的常温应变片有金属丝式应变片和金属箔式应变片（见图3-2）。目前箔式应变片应用最为广泛。

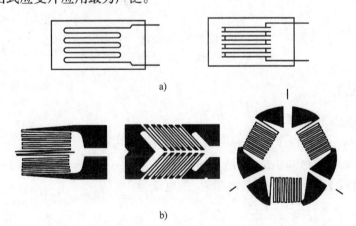

a)

b)

图3-2　应变片种类
a）金属丝式应变片　b）金属箔式应变片

2. 电阻应变片的工作原理

如果将电阻为 R 的应变片牢固地粘贴在试样表面被测部位，当该部位沿应变片敏感栅的轴线方向产生应变 ε 时，应变片亦随之变形，其电阻产生一个变化量 ΔR。实验表明，在一定范围内，应变片的电阻变化率 $\Delta R/R$ 与应变 ε 成正比，即

$$\frac{\Delta R}{R} = K\varepsilon \qquad (3-1)$$

式中，比例常数 K 称为应变片的灵敏系数，其值由实验标定。

由式（3-1）得知，只要测出应变片的电阻变化率 $\Delta R/R$，即可确定试样的应变 ε。

3. 电阻应变花

应变花是一种多轴式应变片（见图 3-3），在同一基底上，按一定角度安置几个敏感栅，可测量同一点几个方向的应变，它用于测定复杂应力状态下某点的主应变大小和方位。

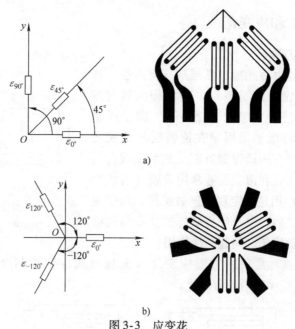

图 3-3　应变花

a）直角应变花　b）等角应变花

二、测量电桥

1. 测量电桥的工作原理

如图 3-4 所示，电桥四个桥臂的电阻分别为 R_1、R_2、R_3 和 R_4，在 A、C 端接电源，B、D 端为输出端。

设 A、C 间的电压为 U，则流经电阻 R_1 的电流为

$$I_1 = \frac{U}{R_1 + R_2}$$

R_1 两端的电压降为

$$U_{AB} = I_1 R_1 = \frac{R_1}{R_1 + R_2} U$$

同理，R_4 两端的电压降为

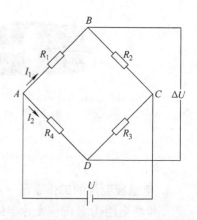

图 3-4　测量电桥原理图（全桥接线）

$$U_{AD} = \frac{R_4}{R_3 + R_4} U$$

此时，B、D 端的输出电压为

$$\Delta U = U_{AB} - U_{AD} = \frac{R_1}{R_1 + R_2} U - \frac{R_4}{R_3 + R_4} U$$

或

$$\Delta U = U \frac{R_1 R_3 - R_2 R_4}{(R_1 + R_2)(R_3 + R_4)} \tag{3-2}$$

当输出电压 $\Delta U = 0$ 时，称为电桥平衡。由式（3-2）可知，电桥的平衡条件为

$$R_1 R_3 = R_2 R_4 \tag{3-3}$$

当各桥臂的电阻分别改变 ΔR_1、ΔR_2、ΔR_3 和 ΔR_4 时，则由式（3-2）可知，电桥的输出电压为

$$\Delta U = U \frac{(R_1 + \Delta R_1)(R_3 + \Delta R_3) - (R_2 + \Delta R_2)(R_4 + \Delta R_4)}{(R_1 + \Delta R_1 + R_2 + \Delta R_2)(R_3 + \Delta R_3 + R_4 + \Delta R_4)}$$

经整理，化简并略去高阶小量，可得

$$\Delta U = \frac{U}{4}\left(\frac{\Delta R_1}{R_1} - \frac{\Delta R_2}{R_2} + \frac{\Delta R_3}{R_3} - \frac{\Delta R_4}{R_4} \right) \tag{3-4}$$

式（3-4）即为电桥的输出电压与各桥臂电阻改变量间的一般关系式。

测量应变时，应变片接入电桥的方法，可分为全桥接线法和半桥接线法两类。

（1）全桥接线法　将粘贴在试样上的四个规格相同的应变片接入测量电桥，组成电桥的四个桥臂（见图3-4）。试样受力后，上述应变片电阻改变量分别为 ΔR_1、ΔR_2、ΔR_3 和 ΔR_4，由式（3-4）可知，电桥的输出电压为

$$\Delta U = \frac{U}{4}\left(\frac{\Delta R_1}{R} - \frac{\Delta R_2}{R} + \frac{\Delta R_3}{R} - \frac{\Delta R_4}{R} \right)$$

将式（3-1）代入上式可得

$$\Delta U = \frac{UK}{4}(\varepsilon_1 - \varepsilon_2 + \varepsilon_3 - \varepsilon_4)$$

上式表明，电桥的输出电压与各桥臂应变的代数和成正比。根据上述原理，若设法将测量电桥输出的微弱电压信号经放大和转换，即可在应变仪上直接显示出被测点的应变。设应变仪的读数应变为 ε_r，则有

$$\varepsilon_r = \frac{4\Delta U}{KU} = \varepsilon_1 - \varepsilon_2 + \varepsilon_3 - \varepsilon_4 \tag{3-5}$$

由式（3-5）可知，应变仪的读数应变为测量电桥 4 个桥臂应变的代数和，相邻桥臂应变的符号相异，相对桥臂应变的符号相同，或者说，相邻桥臂应变相减，相对桥臂应变相加。

（2）半桥接线法　如果只在测量电桥的 A、B 和 B、C 间接应变片，而在 A、D 和 C、D 间用应变仪内部的两个阻值相等的标准电阻 R（见图3-5），在这种情况下，由于

$$\varepsilon_3 = \varepsilon_4 = 0$$

于是由式（3-5）可知

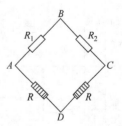

图 3-5　半桥接线图

$$\varepsilon_r = \varepsilon_1 - \varepsilon_2 \tag{3-6}$$

2. 温度补偿（四分之一桥）和温度补偿片

贴有应变片的试样总是处在某一温度场中，温度变化会造成应变片电阻值发生变化，这一变化产生电桥输出电压，因而造成应变仪的虚假读数。严重时，温度每升高1℃，应变仪可显示几十微应变，因此必须设法消除。消除温度影响的措施，称为温度补偿。

消除温度影响最常用的方法是补偿片法。具体做法是用一片与工作片规格相同的应变片，贴在一块与被测试样材料相同但不受力的试样上，放置在被测试样附近，使它们处于同一温度场中。将工作片与温度补偿片分别接入电桥 A 与 B、B 与 C 之间（见图3-6），当试样受力后，工作片产生的应变为

$$\varepsilon_1 = \varepsilon + \varepsilon_t$$

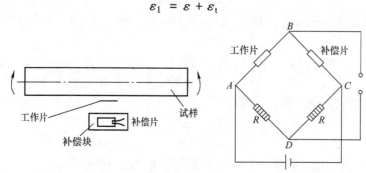

图3-6　温度补偿原理图（1/4 桥接线）

温度补偿片产生的应变为

$$\varepsilon_2 = \varepsilon_t$$

采用半桥接线法，故由式（3-6）可知，应变仪的读数应变为

$$\varepsilon_r = \varepsilon_1 - \varepsilon_2 = \varepsilon$$

上式表明，采用补偿片后，即可消除温度变化造成的影响，这种方法也称作四分之一桥。

三、测量桥路的布置

由式（3-5）可见，应变仪读数 ε_r 具有对臂相加、邻臂相减的特性。根据此特性，采用不同的桥路布置方法，有时可达到提高测量灵敏度的目的，有时可达到在复合载荷中只测量某一种内力素、消除另一种或几种内力素的作用。读者可视具体情况灵活运用。表3-1 给出了直杆在几种主要变形条件下测量应变使用的布片及接线方法。

表3-1　常见变形情况下应变电测方法

变形形式	需测应变	应变片的粘贴位置	电桥连接方法	测量应变 ε 与仪器读数应变 ε_r 间的关系	备　注
拉（压）	拉（压）	$F \leftarrow \boxed{R_1} \rightarrow F$	R_1 —— A —— B R_2 —— C	$\varepsilon = \varepsilon_r$	R_1 为工作片 R_2 为补偿片

（续）

变形形式	需测应变	应变片的粘贴位置	电桥连接方法	测量应变 ε 与仪器读数应变 ε_r 间的关系	备 注
拉（压）	拉（压）			$\varepsilon = \dfrac{\varepsilon_r}{1+\mu}$	R_1 为纵向工作片，R_2 为横向工作片。μ 为材料泊松比
弯曲	弯曲			$\varepsilon = \dfrac{\varepsilon_r}{2}$	R_1 与 R_2 均为工作片
				$\varepsilon = \dfrac{\varepsilon_r}{1+\mu}$	R_1 为纵向工作片，R_2 为横向工作片
扭转	扭转主应变			$\varepsilon = \dfrac{\varepsilon_r}{2}$ $\quad r = \varepsilon_r$	R_1 和 R_2 均为工作片
拉（压）弯组合	拉（压）			$\varepsilon = \varepsilon_r$	R_1 和 R_2 均为工作片，R 为补偿片
				$\varepsilon = \dfrac{\varepsilon_r}{2}$	
	弯曲			$\varepsilon = \dfrac{\varepsilon_r}{2}$	R_1 和 R_2 均为工作片

（续）

变形形式	需测应变	应变片的粘贴位置	电桥连接方法	测量应变 ε 与仪器读数应变 ε_r 间的关系	备 注
	扭转主应变	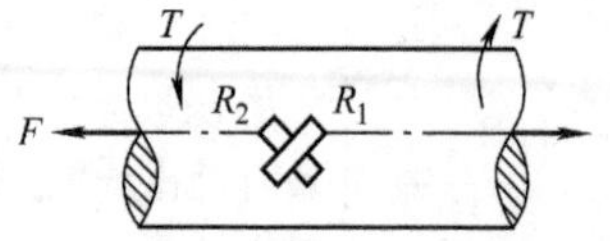	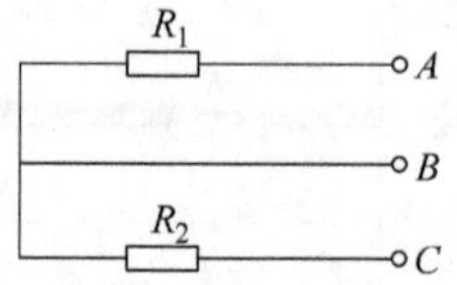	$\varepsilon=\dfrac{\varepsilon_r}{2}$ $r=\varepsilon_r$	R_1 和 R_2 均为工作片
拉（压）扭组合	拉（压）	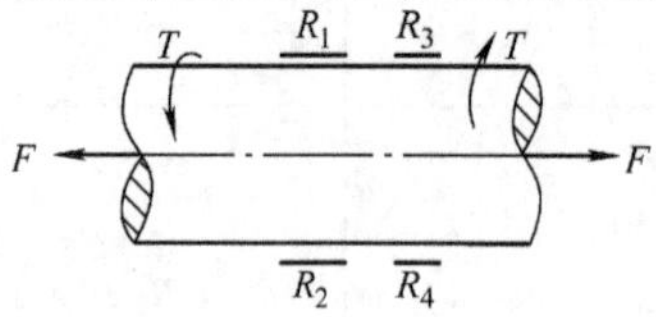	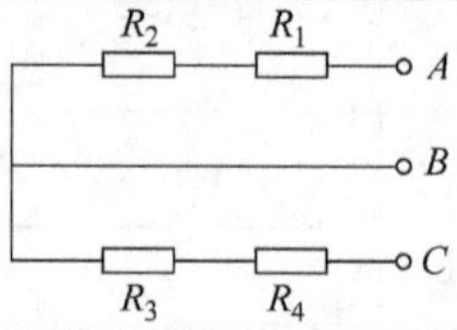	$\varepsilon=\dfrac{\varepsilon_r}{1+\mu}$	R_1、R_2 为纵向工作片，R_3、R_4 为横向工作片
			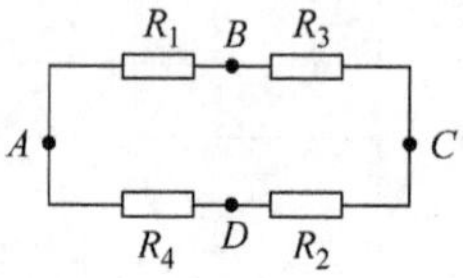	$\varepsilon=\dfrac{\varepsilon_r}{2(1+\mu)}$	
扭弯组合	扭转主应变	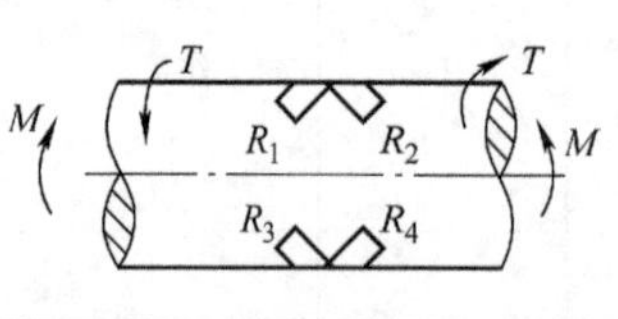	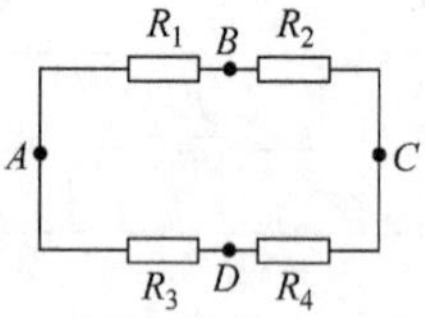	$\varepsilon=\dfrac{\varepsilon_r}{4}$ $r=\dfrac{\varepsilon_r}{2}$	R_1、R_2、R_3、R_4 均为工作片
	弯曲	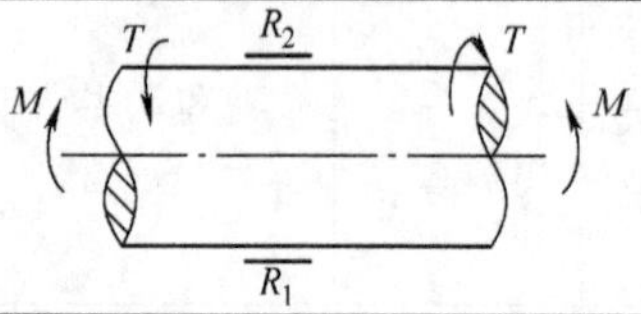	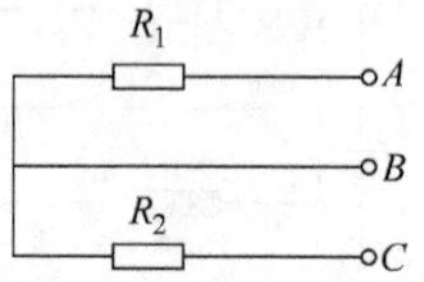	$\varepsilon=\dfrac{\varepsilon_r}{2}$	R_1 和 R_2 均为工作片

电阻应变测试方法是用电阻应变片测定构件表面应变，再根据应力应变关系确定构件表面应力状态的一种实验应力分析方法。测量数据的可靠性很大程度上依赖于应变片的粘贴质量，好的粘贴质量应当是粘贴位置准确，粘结层薄而均匀。这需要通过实践、总结，不断提高粘贴技术水平。

四、电阻应变仪

电阻应变仪是用来测量结构在外力作用下应变值大小的仪器，它的前一级敏感元件就是粘贴在结构测点上的电阻应变片。根据测量应变随时间变化的快慢分为静态电阻应变仪和动态应变仪。动态应变仪又分出超动态应变仪，如采样频率达到 5MHz 以上的应变仪。从读数形式上应变仪分为零读法和直读法，零读法应变仪已基本被淘汰，目前普遍使用的是直读法。顾名思义，直读法就是通过数字显示直接读出应变大小，也便于数字化和计算机自动采集处理数据。

电阻应变仪的工作原理就是本节第二部分的电桥原理，主要由测量电桥、放大器、调整（检波、滤波和整流）、A/D 转换和记录显示等部分组成，如图 3-7 所示，这里不再赘述，需要详细了解的读者请参阅应变电测方面的教材。

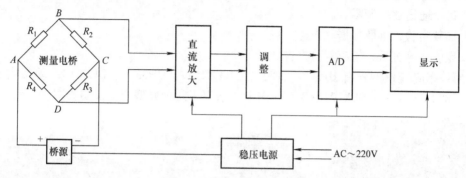

图 3-7 电阻应变仪组成框图

使用电阻应变仪的关键是连接桥路，有全桥、半桥和 1/4 桥三种组桥形式，无论半桥还是 1/4 桥，组成后的测量电桥都是全桥。使用任何应变仪，必须知道全桥、半桥和 1/4 桥如何连接。如图 3-8 所示，应变仪一般有 A、B、C、D 四个接线柱（也有应变仪用 1、2、3、4 或 Eg^+、Vi^+、Eg^-、Vi^- 表示）供组桥使用，A、C 两接线柱提供桥压（电源端子），B、D 两接线柱为输出的毫伏级变化信号（信号端子）。如果有四枚阻值相等的应变片，依次分别接在 AB、BC、CD、DA 接线柱上，就组成了如图 3-4 所示的全桥，且全桥为温度自补（即温度影响相互抵消），应变式载荷传感器和应变式变形传感器常用全桥形式。D_1、D_2 两接线柱是悬空的，应变仪内部在 AD_1 和 CD_2 之间接有 120Ω 的无感线绕精密电阻 R，以备半桥和 1/4 桥使用。把 D_1DD_2 短接，在 AB、BC 分别外接应变片组成半桥，在 AB 外接工作片，BC 外接温度补偿片就组成 1/4 桥了。如果完成接线组桥后，显示表头出现闪烁的"0"或"E"，说明可能出现组桥不正确、应变片或引线不通、短路等故障，需要逐一排查。不同厂家应变仪的结构和接线形式稍有不同，使用时请阅读说明书。如江苏东华测试公司出品的 DH 系列应变仪，1/4 桥直接在 BC 两端，内接高精密电阻 R 代替温度补偿片（认为在测试时间内温度变化不显著），计算机应变采集处理系统给出的结果是经过材料泊松比、弹性模量、力学关系等运算后的结果。

假设电阻应变片灵敏系数为 $K_片$，应变仪灵敏系数为 $K_仪$，测点的真实应变为 $\varepsilon_片$，加载后应变仪的读数为 $\varepsilon_仪$，存在关系 $K_片\varepsilon_片 = K_仪\varepsilon_仪$。一般应变片的灵敏系数在 1.5 ～ 2.5 之间，应变仪的灵敏系数能调节时，实验时使 $K_片 = K_仪$；如应变仪灵敏系数为一固定值（如 $K_仪 = 2$），那么就要用 $K_片\varepsilon_片 = K_仪\varepsilon_仪$ 修正。

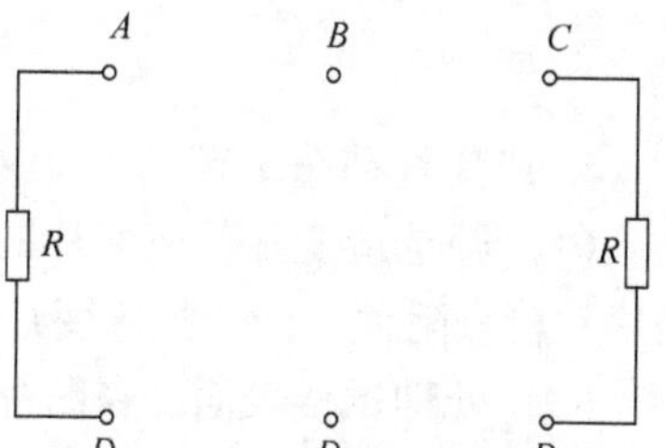

图 3-8 应变仪接线柱

现在电阻应变仪基本为多通道结构，同时能测量数十点或数百点的应变值。有数字显示直接读数的，也有计算机自动采集处理结果的，测量量级为 $\mu\varepsilon$，测量范围为 $\pm 200000\mu\varepsilon$。

使用电阻应变仪的一般步骤：

1）打开电源，预热 30min。

2）熟读说明书，掌握全桥、半桥和 1/4 桥的接线方式。

3）接线组桥，调节应变仪灵敏系数。如果接线组桥后，显示表不停闪烁"0"或

"E"，说明组桥有故障，应设法排除。

4）每个通道逐一调零。

5）加载实验，读取数据。

6）完成计算分析，给出实验报告。

常用静态应变仪型号有 JDY-Ⅱ、CM-1A、YE2539、DH3816、DH3818；动态应变仪型号有 DH3820、DH5937 和 XL2102B 等。图 3-9 给出了几种典型应变仪实物图。

图 3-9　常用应变仪

五、应变片粘贴实习

1. 实习目的

1）初步掌握应变片的粘贴、接线、检查等技术。

2）认识粘贴质量对测试结果的影响。

2. 实习要求

1）每人一根悬臂梁、一块温度补偿块、2 片应变片，在悬臂梁上（沿其轴线方向）和补偿块上各贴一枚应变片（图 3-10）。

2）用自己所贴的应变片进行规定内容的测试。

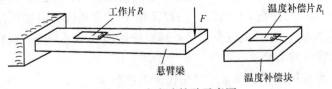

图 3-10　应变片粘贴示意图

3. 应变片粘贴工艺

（1）筛选应变片　应变片的外观应无局部破损，丝栅或箔栅无锈蚀斑痕。用数字万用表逐片检查阻值，同一批应变片的阻值相差不应超过出厂规定的范围。

（2）处理试样表面　在贴片处处理出不小于应变片基底面积 3 倍的区域。处理的方法是：用细砂纸打磨出与应变片轴线成 ±45°的交叉纹（有必要时先刮漆层，去除油污，用细砂纸打磨锈斑）；用钢针画出贴片定位线；用蘸有酒精的脱脂棉球擦洗干净，直至棉球洁白为止。

（3）粘贴应变片　一手用镊子镊住应变片引出线，一手拿瞬干胶，在应变片底面上涂一层黏结剂，立即将应变片放置于试样上（切勿放反），并使应变片基准线对准定位线。用一小片聚四氟乙烯薄膜盖在应变片上，用手指沿应变片轴线朝一个方向滚压，以挤出多余的黏结剂和气泡。注意此过程要避免应变片滑移或转动。保持 5～10min 后，由应变片无引线一端向有引线一端，沿着与试样表面平行方向轻轻揭去聚四氟乙烯薄膜。用镊子将引出线与试样轻轻脱开。用万用表检查应变片是否为通路和绝缘性能。

（4）焊线　应变片与应变仪之间需要用导线（视测量环境选用不同的导线）连接。用胶纸带或其他方法把导线固定在试样上。应变片的引出线与导线之间，通过粘贴在试样上的接线端子片连接（见图 3-11），连接的方法是用电烙铁焊接，焊接要准确迅速，防止虚焊。

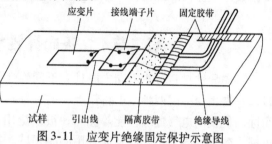

图 3-11　应变片绝缘固定保护示意图

（5）检查与防护　用数字万用表检查各应变片的电阻值，检查应变片与试样间的绝缘电阻。如果检查无问题，要较长时间地保存应变片，需要做好防潮与保护措施。

4. 实验步骤

1）按应变片粘贴工艺完成贴片工作。

2）按图 3-12 的形式接成半桥，观察是否有零漂现象。

3）悬臂梁加上一定载荷，记录应变仪读数，观察是否有漂移现象。

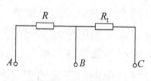

图 3-12　半桥

4）在悬臂梁的弹性范围内，等量逐级加载，观察应变仪的读数增量。

5）把工作片 R 和温度补偿片 R_t 在电桥中的位置互换，在相同载荷作用下，观察应变仪的读数区别。

6）按图 3-12 的形式接成半桥，不加载荷，用白炽灯近距离照射试样上的工作片，观察应变仪读数。

六、思考题

1）电测法中的温度补偿法，对温度补偿块和温度补偿片的要求是什么？

2）图 3-13a 的 AB 和 BC 桥臂上各有 2 片（或几片）工作片串联，叫串联接线法。图 3-13b 为并联接线法。若各工作片的规格相同，感受的应变也相同，这两种接线法的读数应变与图 3-5 相比是否不同？为什么？

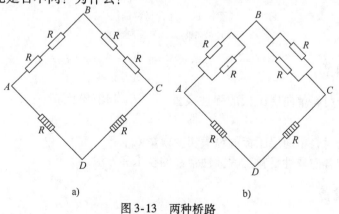

a)　　　　　　　　　　b)

图 3-13　两种桥路

a）串联桥路　b）并联桥路

3）你贴的应变片按图 3-12 接入应变仪后，是否出现：①电桥无法平衡的现象？②应变仪读数产生漂移的现象？产生以上两种现象的原因可能是什么？

第二节 各向异性材料弹性常数的测定

各向异性材料是指不同方向具有不同弹性常数的材料。复合材料就是典型的各向异性材料，它是由两种或两种以上材料组成的一种新材料。复合材料具有高比强度、高比刚度和耐腐蚀、优良的电气绝缘性能等优点，被广泛用于航空航天工业、船舶工业、核工业、化工、机械、建筑、电气工程以及体育用品等领域。复合材料的种类很多，目前应用较多的是玻璃纤维复合材料和碳纤维复合材料，这两种复合材料分别用玻璃纤维和碳纤维作为增强材料，以改良型环氧树脂作为基体。图 3-14a 是把增强纤维均匀平行排列在树脂基体中构成的单向铺层，简称铺层；图 3-14b 是把若干铺层按一定方向和顺序铺叠压制成的复合材料层压板，铺层方向均相同的为单向层压板，铺层方向不同的层压板称为多向层压板。对于单向层压板有两个主方向，沿纤维方向记为 L 方向或 1 方向，沿垂直于纤维的方向记为 T 方向或 2 方向。本实验测定单向层压复合材料的工程弹性常数。从材料力学得知，各向同性材料的三个工程弹性常数 E、G、μ 存在关系 $G = E/[2(1+\mu)]$，这三个常数中只有两个是独立的。复合材料单向层压板因正交各向异性，工程弹性常数比各向同性材料要多，有 E_L、E_T、μ_{LT}、μ_{TL}、G_{LT}、G_{TL}，它们之间存在关系 $\dfrac{E_L}{E_T} = \dfrac{\mu_{TL}}{\mu_{LT}}$，$G_{LT} = G_{TL}$。因此，复合材料单向层压板独立的工程常数有四个。一般 μ_{LT} 比 μ_{TL} 小得多，不容易测量准确，所以 μ_{LT} 由关系式计算求得。复合材料单向层压板工程弹性常数的测试方法与金属材料常数的测定方法相同或相近。

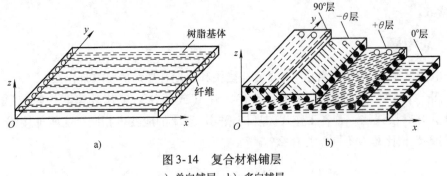

图 3-14　复合材料铺层

a）单向铺层　b）多向辅层

一、实验目的

1）测定复合材料单向层压板的弹性模量 E_L、E_T 和泊松比 μ_{LT}、μ_{TL}，并归纳四个参数之间的关系。

2）测定复合材料单向层压板的纵横切变模量 G_{LT}。

3）学习测定各向异性材料工程弹性常数的技术和方法。

二、实验设备

1）电子万能试验机。

2）电阻应变仪。

三、复合材料单向板试样

1）拉伸试样，尺寸见表3-2、图3-15。

表3-2　单向层压板拉伸试样尺寸①

试样类别	测试参数	试样长 L /mm	工作段长度 l /mm	试样宽度 b /mm	试样厚度 h /mm	加强片长度 D /mm	加强片倒角 θ /(°)
0°	E_L, μ_{TL}	230	100	12.5±0.5	1~3	50	≥15
90°	E_T, μ_{LT}	170	50	25±0.5	2~4	50	≥15

① 仲裁试样的厚度为（2±0.1）mm，测0°方向泊松比时，试样宽度可采用（25±0.5）mm，测泊松比也可以采用无加强片的试样。加强片用厚度为2~3mm的正交铺层的玻璃纤维增强塑料板或厚度为1~3mm的铝板制作。

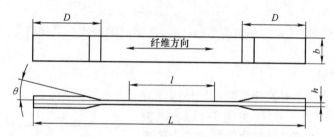

图3-15　复合材料单向层压板拉伸试样
L—试样总长　h—试样厚度　D—加强片长度
b—试样宽度　l—工作段长度　θ—加强片倒角

2）纵横剪切试样（见图3-16）。

一般采用 $[\pm45°]_{2s}$ ~ $[\pm45°]_{6s}$。s 代表镜面对称铺层，如 $[\pm45°]_{2s}$ 为 [+45°/-45°/-45°/+45°]。仲裁试样厚度为 $[\pm45°]_{3s}$。

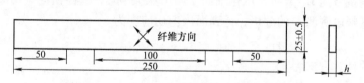

图3-16　复合材料单向层压板纵横剪切试样

四、实验原理和方法

测定 E_L、E_T、μ_{LT}、μ_{TL}、G_{LT} 的方法有两种。一种是等量加载法，另一种是绘图法。等量加载是采用分级等量加载，读得相应的应变值或变形量，载荷级差为破坏载荷的5%~10%，至少5级。绘图法是连续记录载荷与对应的变形（或应变）曲线，利用记录的曲线计算所需参数。

1. 拉伸试验

0°方向（纵向）拉伸，计算公式为

$$E_{\mathrm{L}} = \frac{\Delta Fl}{bh\Delta l} \quad \text{或} \quad E_{\mathrm{L}} = \frac{\Delta F}{bh\Delta\varepsilon_{\mathrm{L}}} \tag{3-7}$$

$$\mu_{\mathrm{TL}} = \left|\frac{\Delta\varepsilon_{\mathrm{T}}}{\Delta\varepsilon_{\mathrm{L}}}\right| \tag{3-8}$$

式中，E_{L} 是 L 方向拉伸弹性模量，单位为 GPa；ΔF 是分级载荷增量，或载荷-位移（或应变）曲线上初始直线段的载荷增量，单位为 N；b 是试样宽度，单位为 mm；h 是试样厚度，单位为 mm；l 是试样初始标距，单位为 mm；Δl 是与 ΔF 对应的 l 内的变形增量，单位为 mm；$\Delta\varepsilon_{\mathrm{L}}$ 是与 ΔF 对应的纤维方向的应变增量；$\Delta\varepsilon_{\mathrm{T}}$ 是与 ΔF 对应的垂直于纤维方向的应变增量；μ_{TL} 是纵向泊松比。

90°方向（横向）拉伸，计算公式为

$$E_{\mathrm{T}} = \frac{\Delta Fl}{bh\Delta l} \quad \text{或} \quad E_{\mathrm{T}} = \frac{\Delta F}{bh\Delta\varepsilon_{\mathrm{T}}} \tag{3-9}$$

$$\mu_{\mathrm{LT}} = \left|\frac{\Delta\varepsilon_{\mathrm{L}}}{\Delta\varepsilon_{\mathrm{T}}}\right| \tag{3-10}$$

式中，E_{T} 是 T 方向弹性模量，单位为 GPa；μ_{LT} 是横向泊松比；其他符号的含义和 0°方向拉伸相同。

2. 纵横剪切试验

纵横剪切试验实质上是拉伸试验，只是拉伸载荷的方向与纤维方向成 ±45°（见图 3-17）。纵横剪切试验中载荷是通过纤维相互之间的切应力传递的。根据材料力学可知，轴向拉伸时，±45°方向上切应力值最大，且为试样轴向应力的一半，即面内切应力为

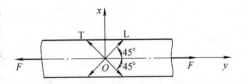

图 3-17　复合材料板纵横剪切试验加载示意图

$$\tau_{\mathrm{LT}} = \frac{F}{2bh} \tag{3-11}$$

对应于材料主方向 L、T 向，试样轴向 y 与 L 夹角 45°，试样横向 x 与 L 的夹角 −45°。引用各向同性材料电测测 G 的分析，得到面内剪切应变为

$$\gamma_{\mathrm{LT}} = |\varepsilon_{45°} - \varepsilon_{-45°}| = |\varepsilon_y - \varepsilon_x| \tag{3-12}$$

纵横切变模量的计算公式为

$$G_{\mathrm{LT}} = \frac{\Delta\tau_{\mathrm{LT}}}{\Delta\gamma_{\mathrm{LT}}} = \frac{\Delta F}{2bh(\Delta\varepsilon_y - \Delta\varepsilon_x)} = \frac{\Delta F}{2bh\left(\dfrac{\Delta L_y}{L_y} - \dfrac{\Delta L_x}{L_x}\right)} \tag{3-13}$$

式中，G_{LT} 是纵横切变模量，单位为 GPa；ΔF 是载荷应变曲线上直线段的载荷增量或者分级载荷增量，单位为 N；$\Delta\varepsilon_y$ 是与 ΔF 对应的试样轴向应变增量；$\Delta\varepsilon_x$ 是与 ΔF 对应的试样横向应变增量；L_y 是试样轴向初始标距，单位为 mm；L_x 是试样横向初始标距，单位为 mm；ΔL_y 是与 ΔF 对应的试样轴向初始标距 L_y 内的形变增量，单位为 mm；ΔL_x 是与 ΔF 对应的试样横向初始标距 L_x 内的形变增量，单位为 mm。

其他符号含义同前。

五、实验步骤

1）测量尺寸。量取试样工作段内任意三点的宽度和厚度，取算术平均值供计算使用。

2）胶接加强片。保证加强片在试验过程中不脱落，固化温度不超过试样成型温度，打磨处理试样表面，不允许损坏试样纤维。加强片也可在试样制备前胶接，然后加工成试样。

3）选择测应变或变形的方法。选择测应变，则要按要求粘贴电阻应变片，并焊接引线；选择测变形，则要挑选合适的引伸计，并进行标定。

4）选择加载方法。用分级加载，主要确定级差；用连续加载，就要用记录仪器。

5）正式试验。加载速度为 1 ~ 2mm/min。分级加载，要记录各级载荷对应的应变值；连续加载，就要记录相应的曲线，并进行标定。因为均是弹性常数测量，所以最大载荷不宜超过试样破坏载荷的 50%。

6）实验结束，清理现场，关闭电源。

六、数据处理

按照式（3-7）~式（3-13）分别计算复合材料单向层压板纵向弹性模量和纵向泊松比、横向弹性模量和横向泊松比、纵横切变模量。归纳拉伸模量、泊松比之间的关系，比较弹性常数，完成实验报告。

七、预习要求

预习本实验内容和复合材料力学的相关内容。熟悉试验所用的仪器和设备。

八、思考题

1）什么是复合材料？复合材料有哪些优点？

2）各向同性材料的工程弹性常数有几个，各参数之间有什么关系？独立的参数有几个？复合材料单向层压板的工程弹性常数有几个？各参数之间有什么关系？独立的参数有几个？

3）采用分级加载测复合材料工程弹性常数时，应分几级？级差如何确定？

4）请分析面内切应力和切应变公式的推导过程。

第三节　真应力-应变曲线的测定

一、概述

塑性材料在拉伸试验进入屈服阶段以后，开始产生显著的塑性变形，其数值远比弹性变形大。此外，试样横截面也渐渐变小。进入强化阶段后，试样伸长和横截面收缩就更加明显。特别是在局部变形阶段，试样颈缩部分的拉伸应变比其余各处大，截面面积也与其余各处明显不同。因此，当试样变形超过弹性范围以后，用通常的工程应力 $\sigma = F/A_0$（A_0 为试样的初始横截面积）表示横截面上的正应力，以及用工程应变 $\varepsilon = \Delta l/l_0$（$l_0$ 为试样初始标距值）来表示标距内的应变都是不真实的。为了得到此真实关系，需绘出材料的真应力-应变曲线。

二、实验目的

1）了解真应力和真应变的定义及其与通常的工程应力和工程应变间的关系。

2）测定低碳钢在拉伸时的真应力-应变曲线。

三、实验设备

1）电子万能试验机或其他拉力试验机。

2）应变式轴向引伸计和径向引伸计。

3）数字式静态应变仪。

4）位移标定器。

5）游标卡尺。

四、真应力、真应变的定义和真应力-应变曲线

通常的工程应力 σ，定义为试样的拉力 F，除以试样的初始横截面积 A_0，即

$$\sigma = \frac{F}{A_0} \tag{3-14}$$

工程应变 ε，定义为试样标距的初始值 l_0 去除标距范围内的伸长量 Δl，即

$$\varepsilon = \frac{\Delta l}{l_0} \tag{3-15}$$

而真应力 σ_t，则定义为拉力 F，除以瞬时横截面积 A，即

$$\sigma_t = \frac{F}{A} = \frac{4F}{\pi d^2} \tag{3-16}$$

对于真应变，人们把整个拉伸过程划分成无数个时间段，对于任何一个微小的时间段，试样的瞬时长度为 l，在该时间段内试样的伸长为 $\mathrm{d}l$，此时真应变增量为

$$\mathrm{d}\varepsilon_t = \frac{\mathrm{d}l}{l}$$

试样从 l_0 伸长到 l 的真应变可看作无穷多个真应变增量的累积值，因此

$$\varepsilon_t = \int \mathrm{d}\varepsilon_t = \int_{l_0}^{l} \frac{\mathrm{d}l}{l} = \ln \frac{l}{l_0} \tag{3-17}$$

材料在塑性变形中的体积认为是不变的，故有

$$A_0 l_0 = A l \tag{3-18a}$$

$$\frac{l}{l_0} = \frac{A_0}{A} = \frac{d_0^2}{d^2} \tag{3-18b}$$

把式（3-18a）代入式（3-16），则有

$$\sigma_t = \frac{Fl}{A_0 l_0} \tag{3-19}$$

把式（3-18b）代入式（3-17），则有

$$\varepsilon_t = 2\ln \frac{d_0}{d} \tag{3-20}$$

式（3-19）和式（3-17）用试样的瞬时长度来计算真应力和真应变，而式（3-16）和式（3-20）则用试样的瞬时直径来计算真应力和真应变，这些都是基本公式。

考虑到

$$\frac{l}{l_0} = \frac{l_0 + (l - l_0)}{l_0} = 1 + \varepsilon$$

把以上结果代入式（3-19）和式（3-17）可分别得到

$$\sigma_t = \sigma(1 + \varepsilon) \tag{3-21}$$

$$\varepsilon_t = \ln(1 + \varepsilon) \tag{3-22}$$

式（3-21）和式（3-22）表示工程应力 σ、工程应变 ε 与真应力 σ_t、真应变 ε_t 之间的关系。

以真应变 ε_t 为横坐标，以真应力 σ_t 为纵坐标绘出的材料拉伸曲线称为真应力-应变曲线。

五、实验方法步骤

1）用位移标定器对引伸计进行标定，得出标定系数（如果引伸计在近期标定过，且有明确的标定系数，可以不再标定）。

2）用划线机在标距两端刻划圆周线。用游标卡尺精确测量试样的初始标距长度 l_0 和初始直径 d_0，方法与低碳钢拉伸破坏试样的测量法相同。

3）根据试样的材料和截面尺寸估算最大载荷，设定载荷的量程范围。

4）调整试验机，装夹引伸计和试样。

5）实验分三个阶段进行：

① 在屈服阶段前，由载荷控制。载荷每增加一定值，由轴向引伸计上读取对应的伸长量 Δl。

② 在屈服阶段以后，改为由轴向变形控制。轴向变形每增加一定的量，读取一次对应的载荷值。

③ 颈缩开始后，由径向位移控制。径向变形每增加一定的量，读取一次对应的载荷值，同时读取轴向变形，直到试样破坏。

六、实验结果处理

1）处理轴向和径向引伸计的标定数据，得出标定系数（参看第三章第五节）。

2）按式（3-14）计算工程应力，按式（3-15）计算工程应变，根据实验数据，绘出应力-应变图。

3）颈缩前，按式（3-19）计算真应力，按式（3-17）计算真应变；颈缩后，按式（3-16）计算真应力，按式（3-20）计算真应变，根据实验数据，绘出真应力-应变图。

七、思考题

1）σ-ε 曲线和 σ_t-ε_t 曲线有何异同？说明什么？

2）为什么材料屈服后，由控制载荷转为控制变形？尤其是在颈缩开始后，由控制直径进行实验?

第四节 / 薄壁构件实验

一、概述

为了充分发挥材料的有效作用，或减轻构件的重量，在机械结构中，尤其在航空航天结构中，薄壁构件得到了广泛的应用。薄壁构件的变形和应力情况与一般实心的杆、轴、梁有所不同，情况比较复杂。本实验通过对工字形截面直杆的拉伸，揭示其中的某些现象。

二、实验目的

1）用电测法测定工字形铝薄壁型材在不同方式拉力作用下，指定截面上指定点的应力值，并进行比较。

2）观察圣维南现象。

3）观察受拉构件的扭转情况。

三、实验设备和试样

1）加载系统，由加载架、杠杆、砝码等组成（见图 3-18）。

2）数字式静态电阻应变仪。

3）试样由工字形铝型材制成，截面形状如图 3-19 所示。在 $m\text{-}m$ 截面上，沿杆件的纵向贴 4 枚电阻应变片 R_1、R_2、R_3、R_4，沿杆件的轴线分布若干枚电阻应变片，在腹板与翼缘的中间，各贴 2 枚电阻应变片 R_5、R_6 和 R_7、R_8。

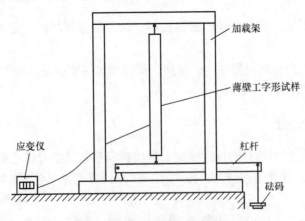

图 3-18　薄壁构件实验装置示意图

四、实验方法步骤

1）在 a 点施加拉力 F，测出 $m\text{-}m$ 截面上 $R_1 \sim R_8$ 各点的应变值，并测出沿轴线分布各应变片 $R_9 \sim R_{15}$ 的应变值。

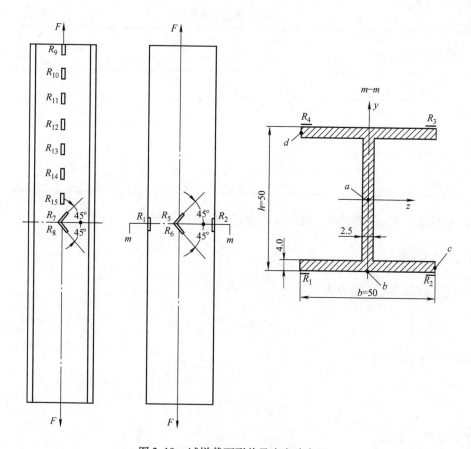

图 3-19 试样截面形状及应变片布置

2）在 b 点施加拉力 F，测出 $R_1 \sim R_8$ 各点的应变值。

3）在 c 点施加拉力 F，测出 $R_1 \sim R_8$ 各点的应变值。

4）在 c、d 两点同时施加各 $F/2$ 的拉力，测出 $R_1 \sim R_8$ 各点的应变值。

五、实验报告要求

1）建议按表 3-3 整理实验数据。

表 3-3　实验应变值（$\times 10^{-6}$）

加载方式	测点														
	R_1	R_2	R_3	R_4	R_5	R_6	R_7	R_8	R_9	R_{10}	R_{11}	R_{12}	R_{13}	R_{14}	R_{15}
a 点加力 F															
b 点加力 F									—	—	—	—	—	—	—
c 点加力 F									—	—	—	—	—	—	—
c、d 同时加力 $\dfrac{F}{2}$									—	—	—	—	—	—	—

2）由测试数据换算出 R_1、R_2、R_3、R_4 4 点的应力值，填入表 3-4。

表 3-4　实验应力值　　　　　　　　　　　（单位：MPa）

加载方式	测点			
	R_1	R_2	R_3	R_4
a 点加力 F				
b 点加力 F				
c 点加力 F				
c、d 同时加力 $\dfrac{F}{2}$				

3）根据 $R_9 \sim R_{15}$ 的测试值，画出应力沿杆件轴线的变化图。

六、思考题

1）在 a 点加力 F，用公式

$$\sigma_{1,2,3,4} = \frac{F}{A}$$

在 b 点加力 F，用公式

$$\sigma_{\substack{1,2 \\ 3,4}} = \frac{F}{A} \pm \frac{F \cdot \dfrac{h}{2}}{W_z}$$

在 c 点加力 F，用公式

$$\sigma_1 = \frac{F}{A} + \frac{F \cdot h/2}{W_z} - \frac{F \cdot b/2}{W_y}, \quad \sigma_2 = \frac{F}{A} + \frac{F \cdot h/2}{W_z} + \frac{F \cdot b/2}{W_y}$$

$$\sigma_3 = \frac{F}{A} - \frac{F \cdot h/2}{W_z} + \frac{F \cdot b/2}{W_y}, \quad \sigma_4 = \frac{F}{A} - \frac{F \cdot h/2}{W_z} - \frac{F \cdot b/2}{W_y}$$

在 c、d 两处同时各加力 $F/2$，用公式

$$\sigma_{1,2,3,4} = \frac{F}{A}$$

计算 R_1、R_2、R_3、R_4 4 个测点的应力值是否正确？由此你有何见解？

2）在哪些加载情况下，杆件发生扭转？请用相关电阻片的测试结果加以说明。

第五节　力、位移传感器的标定

一、概述

材料力学实验离不开力、位移等基本力学量的测试。在现代测试工作中，传感器得到了广泛的应用，而传感器性能的好坏在测试中将起到关键的作用。本节介绍力、位移传感器的主要特性指标以及标定方法。

二、实验目的

1）了解力、位移传感器的主要静态特性指标。

2）学习应变式轴向引伸计、应变式力传感器的标定方法。

三、实验设备

1）位移标定器。

2）砝码及加载装置。

3）应变式轴向引伸计。

4）应变式力传感器。

5）电阻应变仪。

四、传感器的主要静态性能指标

能感受被测量并按照一定规律将其变换成输出信号的器件或装置称为传感器。传感器的分类方法很多，通常按被测量或变换原理来分类。按被测量分类，有位移传感器、速度传感器、力传感器、温度传感器等。

任何一种传感器，在制成后都必须经过标定。所谓标定，就是利用某种标准或标准器具来确定传感器输入量与输出量之间的关系。标定分为静态标定和动态标定。用于检测静态量或变化缓慢信号的传感器一般只进行静态标定；对于检测变化很快的动态量的传感器，还应进行动态标定。通过标定，可以了解传感器的性能和质量。对于检测静态量的传感器，主要由下列性能指标来表示。

1. 灵敏度

灵敏度是指传感器输出变化值与相应的被测量的变化值之比，即

$$灵敏度\ S = \frac{输出信号的变化量}{输入信号的变化量} \tag{3-23}$$

2. 非线性度

传感器的输出－输入关系曲线（标定曲线）与其拟合直线如图 3-20 所示，拟合直线是用回归分析得出的理论直线，

$$非线性度\ \delta_{\mathrm{L}} = \frac{标定曲线与直线的最大偏差\ B（以输出量计）}{输出信号的变化范围\ A} \times 100\% \tag{3-24}$$

3. 重复性

重复性是指在同一工作条件下，对被测量的同一数值，在同一方向上进行重复测量时测量结果的一致性。图 3-21 的三根虚线分别表示三次测试结果，实线为其平均值，

$$重复性\ \delta_{\mathrm{R}} = \frac{各次测试值与平均值的最大偏差\ \Delta_{\max}（以输出量计）}{输出信号的变化范围\ A} \times 100\% \tag{3-25}$$

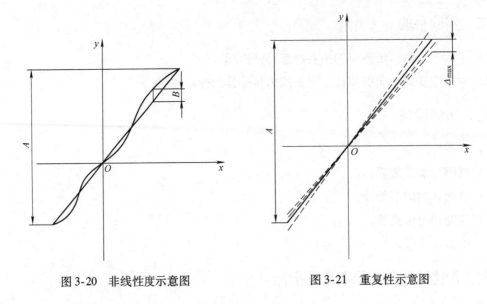

图 3-20　非线性度示意图　　　　　　　图 3-21　重复性示意图

此外，还有分辨力、滞后等指标，本节不多叙述。

五、实验方法步骤

1. 力传感器的标定

1）准备好加载装置，标准重量（如砝码）。力传感器与数字应变仪接通，应变仪调零。

2）根据力传感器的工作范围，把载荷等分成几级，每施加一级载荷（输入量），记一次应变仪读数（输出量）。重复做3遍。

2. 位移传感器的标定

1）将引伸计按规定的标距装卡在位移标定器上，引伸计的引线与数字应变仪接通，应变仪调零。

2）根据引伸计的工作范围，把位移等分成几级，每产生一级位移（输入量），记一次应变仪读数（输出量）。重复做3遍。

六、实验数据处理

建议按表3-5的格式，将力或位移传感器的标定数据填入表内，计算出有关量。按式（3-23）~式（3-25）分别计算出所标定力、位移传感器的灵敏度、非线性度、重复性。

表 3-5　力或位移传感器的标定数据

序　号	输入量 x	输出量 y^*			$\bar{y}$	y	$\lvert \bar{y} - y \rvert$	$\lvert y^* - \bar{y} \rvert_{max}$
		y_1^*	y_2^*	y_3^*				
1								
2								

（续）

序　号	输入量 x	输出量 y^*			$\bar{y}$	y	$\lvert\bar{y}-y\rvert$	$\lvert y^*-\bar{y}\rvert_{\max}$
		y_1^*	y_2^*	y_3^*				
3								
⋮								

表 3-5 中，$\bar{y}=\dfrac{y_1^*+y_2^*+y_3^*}{3}$，是 3 遍实验值的平均值。$y$ 是平均值 $\bar{y}$ 采用最小二乘法拟合（见附录 A）后的拟合值。

第六节　金属材料平面应变断裂韧度 K_{IC} 的测定

工程结构大都因为存在裂纹而破坏，特别是高强度材料更是如此，衡量带有裂纹结构的承载能力或进行损伤容限评估时，一个重要的材料常数就是断裂韧度。

一、实验目的

1）测定金属材料平面应变断裂韧度 K_{IC}。
2）学会测量平面应变断裂韧度 K_{IC} 技术，掌握仪器设备操作和数据处理方法。

二、实验设备

1）疲劳试验机，用于预制疲劳裂纹。
2）万能试验机，用于对试样连续加载。
3）夹式引伸计（也叫 COD 规），用于测量裂纹嘴张开位移。
4）游标卡尺，测量尺寸。

三、试样

测定金属材料平面应变断裂韧度 K_{IC} 值，一般选用三点弯曲试样或紧凑拉伸试样。标准三点弯曲试样为比例试样，即 $B:W:S=1:2:8$，如图 3-22 所示，安装如图 3-23 所示。标准紧凑拉伸试样的比例尺寸为 $B:W=1:2$，如图 3-24 所示，紧凑拉伸试样三段圆弧双耳 U 形钩夹具如图 3-25 所示。

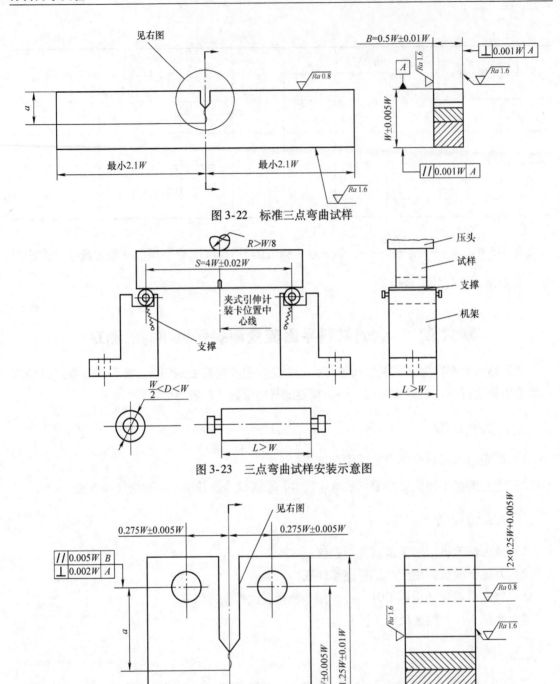

图 3-22　标准三点弯曲试样

图 3-23　三点弯曲试样安装示意图

图 3-24　标准紧凑拉伸试样

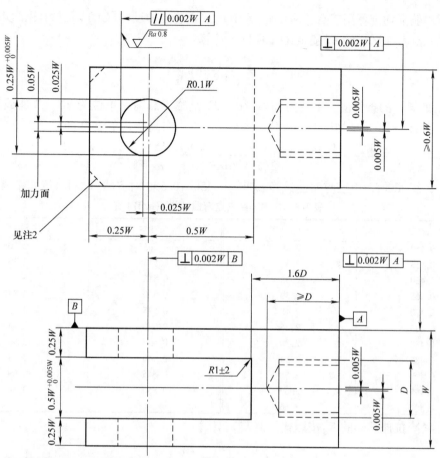

注1: 销直径=0.24W(+0.000W/−0.005W)。
注2: 为了便于安装夹式引伸计, 必要时将U形钩的角切掉。
注3: U形钩和销的硬度值应≥40HRC。

图 3-25 紧凑拉伸实验 U 形夹具

四、实验原理和方法

1. K_{IC}定义

由断裂力学知道, 带裂纹构件裂纹尖端附近的弹性应力应变场可以用一个因子 K 来表征, 它反映了裂纹尖端应力的强弱, 单位为 MPa $\sqrt{m}$, 定义该因子为应力强度因子。根据裂纹三种受力变形方式, 应力强度因子又分为 K_{I}（张开型）、K_{II}（剪切型）和 K_{III}（撕裂型）, 其中 I 型受力裂纹最为危险, 常常测定的也是 I 型裂纹的断裂韧度。当应力强度因子 K_{I} 达到临界值 K_C 时, 裂纹就失稳扩展而导致断裂, 对应的 K_C 值就是 K_{IC}。因此, 把含裂纹体构件在静力作用下裂纹开始失稳扩展时的应力强度因子 K_{I} 值定义为平面应变断裂纹韧性 K_{IC}, 可由带裂纹的试样测得。K_{I} 是一个工作值, 有载荷才有 K_{I}, K_{IC} 是材料常数。

2. 实验原理

测试 K_{IC} 的方法与测定 $\sigma_{0.2}$ 的方法极为相似, 需要对带有裂纹的试样进行拉伸或弯曲加载, 使其裂纹产生 I 型扩展, 试验过程中要记录 F-V 曲线, F 为载荷, V 为裂纹嘴张开位移, 通过 F-V 曲线确定临界载荷 F_Q 值。试样需要满足线弹性、平面应变、小范围屈服和 I

型。国标和航标均推荐用三点弯曲试样[S(B)]或紧凑拉伸试样[C(T)]进行测试实验。

标准三点弯曲试样的K_Q按照式（3-26）计算：

$$K_Q = \frac{F_Q S}{B W^{3/2}} f\left(\frac{a}{W}\right) \tag{3-26}$$

式中，K_Q是K_{IC}的条件值，单位为$MPa\sqrt{m}$；F_Q是临界载荷，单位为kN；S是试样支承跨距，单位为mm；B是试样厚度，单位为mm；W是试样高度，单位为mm；

$$f\left(\frac{a}{W}\right) = \frac{3(a/W)^{1/2}\{1.99 - (a/W)(1-a/W)[2.15 - 3.93a/W + 2.7(a/W)^2]\}}{2(1+2a/W)(1-a/W)^{3/2}}$$

为了便于计算K_Q值，将三点弯曲试样$a/W = 0.450 \sim 0.550$对应的$f(a/W)$值列于表3-6中。

表3-6 $S/W=4$三点弯曲试样$f(a/W)$值

a/W	$f(a/W)$	a/W	$f(a/W)$
0.450	2.29	0.505	2.70
0.455	2.32	0.510	2.75
0.460	2.35	0.515	2.79
0.465	2.39	0.520	2.84
0.470	2.43	0.525	2.89
0.475	2.46	0.530	2.94
0.480	2.50	0.535	2.99
0.485	2.54	0.540	3.04
0.490	2.58	0.545	3.09
0.495	2.62	0.550	3.14
0.500	2.66		

标准紧凑拉伸试样的K_Q按照式（3-27）计算：

$$K_Q = \frac{F_Q}{B W^{1/2}} f\left(\frac{a}{W}\right) \tag{3-27}$$

式中，K_Q是K_{IC}的条件值，单位为$MPa\sqrt{m}$；F_Q是临界载荷，单位为kN；B是试样厚度，单位为mm；W是试样高度，单位为mm；

$$f\left(\frac{a}{W}\right) = \frac{(2+a/W)\left[0.866 + 4.64\left(\frac{a}{W}\right) - 13.32\left(\frac{a}{W}\right)^2 + 14.72\left(\frac{a}{W}\right)^3 - 5.6\left(\frac{a}{W}\right)^4\right]}{(1-a/W)^{3/2}}$$

为了便于计算K_Q值，将紧凑拉伸试样$a/W = 0.450 \sim 0.550$对应的$f(a/W)$值列于表3-7中。

表3-7 紧凑拉伸试样$f(a/W)$值

a/W	$f(a/W)$	a/W	$f(a/W)$
0.450	8.34	0.505	9.81
0.455	8.46	0.510	9.96
0.460	8.58	0.515	10.12
0.465	8.70	0.520	10.29
0.470	8.83	0.525	10.45
0.475	8.96	0.530	10.63
0.480	9.09	0.535	10.80
0.485	9.23	0.540	10.98
0.490	9.37	0.545	11.17
0.495	9.51	0.550	11.36
0.500	9.66		

3. 对试样尺寸要求

（1）平面应变对厚度 B 的要求　试验表明，材料的断裂韧度是随厚度变化的，只有当试样厚度达到某一定值 B_0 后，断裂韧度为不再随厚度变化的常数，认为这时沿裂纹面法向有足够的约束，该方向的应变为零，得到平面应变状态。实际上，试样表面总是平面应力状态，一根试样的平面应力层与平面应变层共同存在，而一种材料的平面应力层厚度基本为一定值，相比较而言，试样厚度越大，平面应力层的影响就会越小。经过理论和实验研究，达成共识，要求厚度

$$B \geqslant 2.5\left(\frac{K_{\mathrm{I}\mathrm{C}}}{\sigma_{0.2}}\right)^2 \tag{3-28}$$

（2）小范围屈服对裂纹长度要求　断裂力学给出的裂纹尖端应力计算公式为近似解，与精确解存在误差。对 I 型裂纹，计算某点应力，以该点距裂尖距离 r 与裂纹长度 a 的比值为变量，当 $r/a=1/5$ 时，近似解与精确解之间误差为 13%；当 $r/a=1/10$ 时，误差为 7%；当 $r/a=1/50$ 时，误差为 2%。根据平面应变条件，塑性区半径 $r_y = \left(\frac{K_{\mathrm{I}\mathrm{C}}}{\sigma_{0.2}}\right)^2 /4\sqrt{2}\pi$，要使 $K_{\mathrm{I}\mathrm{C}}$ 偏差 $\leqslant 10\%$，必须 $r_y/a \leqslant 0.02$，则有

$$a \geqslant 50r_y \approx 2.5\left(\frac{K_{\mathrm{I}\mathrm{C}}}{\sigma_{0.2}}\right)^2 \tag{3-29}$$

（3）韧带尺寸要求　为了保证线弹性，韧带 $W-a$ 也要有足够尺寸，保证试样背面对裂纹塑性变形有足够的约束，满足小范围屈服条件，使得 $K_{\mathrm{I}\mathrm{C}}$ 值有足够的准确性，有

$$W - a = b_0 \geqslant 2.5\left(\frac{K_{\mathrm{I}\mathrm{C}}}{\sigma_{0.2}}\right)^2 \tag{3-30}$$

4. 临界载荷 F_{Q} 的确定

临界载荷 F_{Q} 根据实测记录的 F-V 曲线确定。F-V 曲线一般有三类典型形式，如图 3-26 所示，即为 I 类、II 类和 III 类。过原点作初始直线的延伸线 OA，再过原点 O 作直线 OB，使 OB 直线斜率为 OA 直线斜率的 95%，或者说 OB 直线斜率比 OA 直线斜率下降了 5%，OB 直线与 F-V 曲线交点为 F_5。

当 F_5 前 F-V 曲线的载荷均低于 F_5 时，则有 $F_{\mathrm{Q}}=F_5$；若 F_5 前 F-V 曲线上有一个最大载荷超过或等于 F_5，则这个最大载荷就是 F_{Q}。

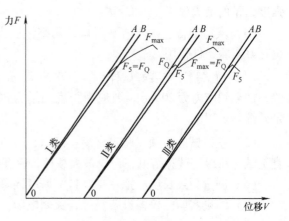

图 3-26　三类典型 F-V 曲线

5. 初始裂纹长度 a_0 的确定

初始裂纹长度为机械加工裂纹长度与疲劳裂纹长度之和。测量方法是，试样断裂后，把半块试样沿厚度 B 四等分，从裂纹嘴起到疲劳裂纹尖端每隔 $B/4$ 测量五个裂纹长度 a_1、a_2、a_3、a_4、a_5，则有

$$a_0 = (a_2 + a_3 + a_4)/3$$

将已知相关数据代入三点弯曲公式或紧凑拉伸公式计算出 K_Q 值。

6. 有效性检验

1) $0.45 \leqslant a/W \leqslant 0.55$。

2) B、a、$W-a \geqslant 2.5 \left(\dfrac{K_{IC}}{\sigma_{0.2}} \right)^2$。

3) $F_{max}/F_Q \leqslant 1.1$。

4) 疲劳裂纹长度 $a_f = \{1.3mm, 0.025W\}_{max}$。

5) a_2、a_3、a_4 不大于 $0.10a_0$；a_1、a_5 与 a_0 之差不得大于 $0.10a_0$，且 a_1、a_5 之差也不得大于 $0.10a_0$。

6) 裂纹面与 BW 面平行，偏差在 $10°$ 以内。

满足以上条件，则有 $K_{IC} = K_Q$，即为材料断裂韧性，否则 K_Q 仅为试样的断裂韧度。对于不满足有效性的试样，要计算试样的强度比 R_{SC}，有

三点弯曲试样
$$R_{SC} = \frac{\sigma_{max}}{\sigma_{0.2}} = \frac{6F_{max}W}{B(W-a)^2\sigma_{0.2}} \tag{3-31}$$

紧凑拉伸试样
$$R_{SC} = \frac{\sigma_{max}}{\sigma_{0.2}} = \frac{2F_{max}(2W+a)}{B(W-a)^2\sigma_{0.2}} \tag{3-32}$$

五、实验步骤

（1）测量尺寸　在试样裂纹面附近测量厚度和高度，测量三次取平均值。

（2）疲劳预制裂纹，一般采用应力比 0.1，频率适当，正弦波，最大应力不超过 $0.5\sigma_{0.2}$。在试样两个侧面用铅笔或其他工具画两条线，第一条在 $0.5W$ 处，第二条与第一条间隔不小于 1/4 疲劳裂纹。当裂纹扩展到第二条线时，要减小疲劳最大载荷，最后阶段应力强度因子的最大值 $K_{fmax} \leqslant 0.6K_Q$。

（3）实验准备　试样粘贴刀口，调整试验夹具，安装引伸计，做好试验机检查准备并编写好实验条件程序。

（4）预试验　安装好试样后，以 $0.5mm/min$（一般在 $0.5 \sim 3.0MPa\sqrt{m}/s$）速度进行实验，加载到应力为 $20\%\sigma_{0.2}$ 或应力强度因子为 $30\%K_Q$ 止，载荷卸到零，检查仪器设备和记录系统是否正常。

（5）正式试验　预试验正常后，以 $0.5mm/min$（一般在 $0.5 \sim 3.0MPa\sqrt{m}/s$）速度加载直至试样断裂。试验结束，记录最大载荷，保存数据，分析断口。

（6）测量裂纹长度　把一半断口沿厚度四等分后测出五个裂纹长度。

（7）结束实验　仪器设备复原，关闭电源。

六、实验结果处理

根据 F-V 曲线，确定 F_Q 值；根据裂纹长度计算 a_0 和临界载荷 F_Q 计算 K_Q 值，进行有效性检验，给出实验结论。

七、预习要求

1) 预习断裂力学的有关内容，明确实验目的和要求。

2）查阅测量金属材料平面应变断裂纹韧性 K_{IC} 的国标和航标。

3）安排实验程序，设计好实验数据记录表格。

八、思考题

1）给出确定 F_Q 时斜率下降5%的理由。

2）试解释出现三种典型 F-V 曲线的原因。

3）试样制作中裂纹取向有三个方向，同一材料哪个方向的 K_{IC} 值最大、那个方向的 K_{IC} 值最小？

4）同材料同类试样，裂纹长度也相同，只是两件疲劳预制裂纹最后阶段的最大载荷差异较大，请问哪种的 K_Q 大，为什么？

第七节　金属材料延性断裂韧度 J_{IC} 的测定

对高强和超高强材料，测试 K_{IC} 容易实现，这类材料 σ_s 较高而 K_{IC} 值又较小，因此试样尺寸也较小。而中低强度材料，因为 σ_s 相对较小，造成试样尺寸很大，相应地也要求试验机吨位较大，以致 K_{IC} 测试难以实现甚至不能实现。因此，对于中低强度材料经常测定延性断裂韧度 J_{IC}，再换算为 K_{IC}。

一、实验目的

1）通过阻力曲线法测定金属材料延性断裂韧度 J_{IC} 值。

2）掌握测试技术，会使用阻力曲线方法。

二、实验设备

1）疲劳试验机，用于预制疲劳裂纹。

2）万能试验机，用于对试样连续加载。

3）夹式引伸计，用于测量加载点位移和裂纹嘴张开位移。

4）游标卡尺，用于测量尺寸。

三、试样

测定 J_{IC} 的试样与测定 K_{IC} 的相同，也是标准三点弯曲试样[SE(B)]或标准紧凑拉伸试样[C(T)]，测 J_{IC} 试样尽量采用整体刀口，裂纹长度要求 $0.50 \leq a/W \leq 0.75$，最好为0.6，图3-27给出了测量加载点位移的平均引伸计装卡方式示意图。

四、实验原理和方法

1. J 积分定义

J 积分是弹塑性断裂力学的核心内容，是一个围绕裂纹前缘从裂纹一侧表面到另一侧表面的线积分数学表达式，与积分路径无关，用以表征裂纹前缘区域的应力应变场强弱。把 J 积分与裂纹扩展量 Δa 的关系称之为 J_R 曲线，J_R 曲线与钝化线 $J = 2\sigma_y \Delta a$ 交点称为表观起裂

韧度 J_i，其中有效屈服强度 $\sigma_y = (\sigma_s + \sigma_b)/2$。
J_{IC} 定义为延性断裂韧度，与裂纹开始扩展时的
J 值接近，是裂纹开始稳态扩展时 J 的工程估
计值，依据实验测得的 $J_R (J - \Delta a)$ 曲线，通过
数值逼近获得，单位为 kJ/m^2。因此，测定延
性材料的阻力曲线即 $J - \Delta a$ 曲线尤为重要。

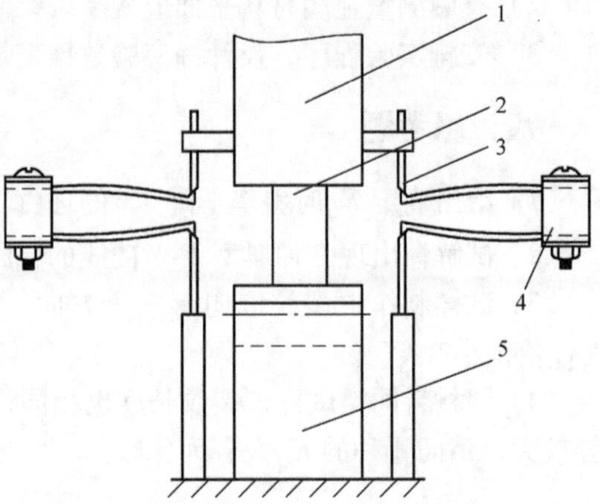

2. 实验原理

测定 J_{IC} 的试样通常采用三点弯曲试样或
紧凑拉伸试样。J 积分值由弹性部分 J_e 和塑性
部分 J_P 组成，有

$$J = J_e + J_P \tag{3-33}$$

对弹性部分，有

$$J_e = \frac{1 - \mu^2}{E} K_I^2 \tag{3-34}$$

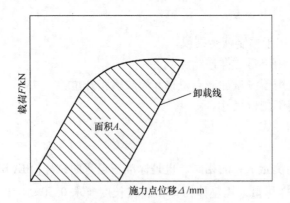

图 3-27　平均引伸计安装方式示意图
1—压头　2—试样　3—引伸计用刀口
4—夹式平均位移引伸计　5—底座

式中，K_I 按照上一节 K_{IC} 测试中对应试样的公
式计算，载荷为停机点载荷 F_S。

三点弯曲试样塑性部分公式为

$$J_P = \frac{2U_P}{B(W - a_0)} \tag{3-35}$$

式中，U_P 是三点弯曲试验的塑性功分量，是 $F - \Delta$ 曲线包围面积的塑性部分。

图 3-28 给出了计算塑性功 U_P 的示意图，U_P 就是阴影部面积，用数值积分计算或面积仪
测量。

图 3-28　塑性功 U_P 计算示意图

表 3-8　$S/W = 4$ 三点弯曲试样 $f(a/W)$ 值

a/W	0.000	0.001	0.002	0.003	0.004	0.005	0.006	0.007	0.008	0.009
0.500	2.66	2.67	2.68	2.69	2.70	2.71	2.71	2.72	2.73	2.74
0.510	2.75	2.76	2.77	2.78	2.78	2.79	2.80	2.81	2.82	2.83
0.520	2.84	2.85	2.86	2.87	2.88	2.89	2.90	2.91	2.92	2.93

（续）

a/W	0.000	0.001	0.002	0.003	0.004	0.005	0.006	0.007	0.008	0.009
0.530	2.94	2.95	2.96	2.97	2.98	2.99	3.00	3.01	3.02	3.03
0.540	3.04	3.05	3.06	3.07	3.08	3.09	3.10	3.11	3.12	3.13
0.550	3.14	3.15	3.16	3.18	3.19	3.20	3.21	3.22	3.23	3.24
0.560	3.25	3.27	3.28	3.29	3.30	3.31	3.32	3.34	3.35	3.36
0.570	3.37	3.38	3.40	3.41	3.42	3.43	3.45	3.46	3.47	3.49
0.580	3.50	3.51	3.52	3.54	3.55	3.56	3.58	3.59	3.60	3.62
0.590	3.63	3.64	3.66	3.67	3.69	3.70	3.71	3.73	3.74	3.76
0.600	3.77	3.79	3.80	3.82	3.83	3.85	3.86	3.88	3.89	3.91
0.610	3.92	3.94	3.95	3.97	3.98	4.00	4.02	4.03	4.05	4.06
0.620	4.08	4.10	4.11	4.13	4.15	4.16	4.18	4.20	4.22	4.23
0.630	4.25	4.27	4.29	4.30	4.32	4.34	4.36	4.38	4.40	4.41
0.640	4.43	4.45	4.47	4.49	4.51	4.53	4.55	4.57	4.59	4.61
0.650	4.63	4.65	4.67	4.69	4.71	4.73	4.75	4.77	4.79	4.82
0.660	4.84	4.86	4.88	4.90	4.92	4.95	4.97	4.99	5.02	5.04
0.670	5.06	5.09	5.11	5.13	5.16	5.18	5.21	5.23	5.25	5.28
0.680	5.30	5.33	5.36	5.38	5.41	5.43	5.46	5.49	5.51	5.54
0.690	5.57	5.59	5.62	5.65	5.68	5.71	5.73	5.76	5.79	5.82
0.700	5.85	5.88	5.91	5.94	5.97	6.00	6.03	6.06	6.09	6.13
0.710	6.16	6.19	6.22	6.26	6.29	6.32	6.36	6.39	6.43	6.46
0.720	6.49	6.53	6.57	6.60	6.64	6.67	6.71	6.75	6.79	6.82
0.730	6.86	6.90	6.94	6.98	7.02	7.06	7.10	7.14	7.18	7.22
0.740	7.27	7.31	7.35	7.39	7.44	7.48	7.53	7.57	7.62	7.66
0.750	7.71	7.76	7.80	7.85	7.90	7.95	8.00	8.05	8.10	8.15

紧凑拉伸试样塑性部分公式为

$$J_P = \frac{\eta U_P}{B(W - a_0)} \tag{3-36}$$

$$\eta = 2 + 0.522 \frac{W - a_0}{W} \tag{3-37}$$

式中，U_P是紧凑拉伸试验的塑性功分量，是 $F\text{-}\Delta$ 曲线包围面积的塑性部分。

表 3-9　紧凑拉伸试样 $f(a/W)$ 值

a/W	0.000	0.001	0.002	0.003	0.004	0.005	0.006	0.007	0.008	0.009
0.500	9.66	9.69	9.72	9.75	9.78	9.81	9.84	9.87	9.90	9.93
0.510	9.96	10.00	10.03	10.06	10.09	10.12	10.15	10.19	10.22	10.25
0.520	10.29	10.32	10.35	10.39	10.42	10.45	10.49	10.52	10.56	10.59
0.530	10.29	10.66	10.70	10.73	10.77	10.80	10.84	10.87	10.91	10.95

（续）

a/W	0.000	0.001	0.002	0.003	0.004	0.005	0.006	0.007	0.008	0.009
0.540	10.98	11.02	11.06	11.10	11.13	11.17	11.21	11.25	11.29	11.33
0.550	11.36	11.40	11.44	11.48	11.52	11.56	11.60	11.64	11.68	11.73
0.560	11.77	11.81	11.85	11.89	11.94	11.98	12.02	12.06	12.11	12.15
0.570	12.20	12.24	12.28	12.33	12.37	12.42	12.47	12.51	12.56	12.60
0.580	12.65	12.70	12.75	12.79	12.84	12.89	12.94	12.99	13.04	13.09
0.590	13.14	13.19	13.24	13.29	13.34	13.39	13.44	13.49	13.55	13.60
0.600	13.65	13.71	13.76	13.82	13.87	13.93	13.98	14.04	14.09	14.15
0.610	14.21	14.27	14.32	14.38	14.44	14.50	14.56	14.62	14.68	14.74
0.620	14.80	14.86	14.92	14.99	15.05	15.11	15.18	15.24	15.31	15.37
0.630	15.44	15.50	15.57	15.64	15.70	15.77	15.84	15.91	15.98	16.05
0.640	16.12	16.19	16.26	16.34	16.41	16.48	16.56	16.63	16.70	16.78
0.650	16.86	16.93	17.01	17.09	17.17	17.25	17.33	17.41	17.49	17.57
0.660	17.65	17.73	17.82	17.90	17.99	18.07	18.16	18.24	18.33	18.42
0.670	18.51	18.60	18.69	18.78	18.87	18.97	19.06	19.15	19.25	19.34
0.680	19.44	19.54	19.64	19.73	19.83	19.93	20.04	20.14	20.24	20.35
0.690	20.45	20.56	20.66	20.77	20.88	20.99	21.10	21.21	21.32	21.44
0.700	21.55	21.67	21.78	21.90	22.02	22.14	22.26	22.38	22.50	22.63
0.710	22.75	22.88	23.01	23.13	23.26	23.39	23.53	23.66	23.79	23.93
0.720	24.07	24.20	24.34	24.49	24.63	24.77	24.92	25.06	25.21	25.36
0.730	25.51	25.66	25.82	25.97	26.13	26.28	26.44	26.61	26.77	26.93
0.740	27.10	27.27	27.44	27.61	27.78	27.95	28.13	28.31	28.49	28.67
0.750	28.85	29.04	29.23	29.42	29.61	29.80	30.00	30.20	30.40	30.60

3. 用多试样法获取 J_R 曲线

多试样法就是通过一组形状相同、尺寸相同、初始裂纹长度相同或相近的多根试样加载到预先选定的位移水平，试验过程中记录载荷 F 与加载点位移 Δ，即 F-Δ 曲线，停机点载荷记为 F_S，测量计算出每根试样的 J 和 Δa，绘制出 J-Δa 曲线，并保证测得的 $(J，\Delta a)_i$ 数据合理地分布在曲线上。一般是第一根试样加载到 F-Δ 曲线最大载荷并刚刚开始下降时卸载，根据第一根试样的 F-Δ 曲线估计其余试样加载的终止位移，试验卸载后，用热着色或二次疲劳法勾勒出裂纹前缘，以便测量 a_0 和 a，进而获得 Δa。一根试样获得一组 $(J，\Delta a)$ 数据。

仲裁试验用多试样法。

4. 用单试样法获取 J_R 曲线

通过一根试样连续多次加载卸载试验记录 F-Δ 曲线和 F-V 曲线，进一步获得 J_R 曲线，也就是用一根试样试验达到前述多根试样试验的效果和目的，F-Δ 曲线用于计算 J_P 值，F-V 曲线用于计算 a_0、a 和 Δa。根据 F-V 曲线的初始弹性柔度估计初始裂纹长度，初始弹性取值的载荷控制在 $(0.1 \sim 0.4)F_L$（用 σ_S 估算的试样极限载荷）范围内，试验三次取平均，根据初始弹性柔度计算的初始裂纹长度 a_0 与压断试样实际测量的初始裂纹长度比较并修正。估计好初始裂纹长度后，对试样进行 1～10 次加载卸载，如图 3-29 所示，卸载再加载范围大于 $0.2F_L$ 或 $0.5F_S$，取其较小者，最后一次加到最大载荷并刚刚开始下降时卸载至零，用热着色或二次疲劳法勾勒出裂纹前缘，最后加载破断。

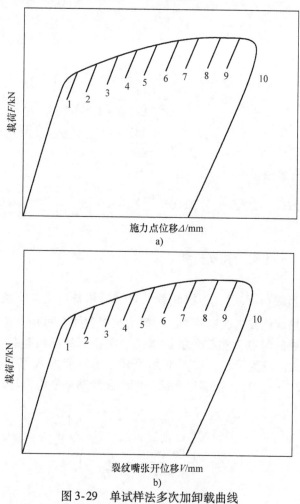

图 3-29　单试样法多次加卸载曲线

a) F-Δ 曲线　　b) F-V 曲线

单试样法计算每个卸载点的裂纹长度，对三点弯曲试样，有

$$a_i/W = 0.999748 - 3.9504U_x + 2.9821U_x^2 - 3.21408U_x^3 + 51.51564U_x^4 - 113.0312U_x^5 \tag{3-38}$$

$$U_x = \cfrac{1}{\sqrt{\left[\cfrac{BWE\,C_i}{S/4}\right]} + 1} \tag{3-39}$$

$$C_i = \frac{\Delta V_x}{\Delta F} \tag{3-40}$$

三点弯曲试样的有效模量

$$E_M = \frac{6S}{BWC_0} \frac{a_0}{W}\left[0.76 - 2.28\frac{a_0}{W} + 3.87\left(\frac{a_0}{W}\right)^2 - 2.04\left(\frac{a_0}{W}\right)^3 + \frac{0.66}{\left(1 - \frac{a_0}{W}\right)^2}\right] \quad (3-41)$$

式中，C_0 为初始柔度；a_0 为初始裂纹长度。

对紧凑拉伸试样，有

$$\frac{a_i}{W} = 1.00196 - 4.06319U_x + 11.242U_x^2 - 106.043U_x^3 + 464.335U_x^4 - 650.667U_x^5$$

$$(3-42)$$

$$U_x = \frac{1}{\sqrt{[BEC_i]} + 1} \quad (3-43)$$

$$C_i = \frac{\Delta V_x}{\Delta F} \quad (3-44)$$

紧凑拉伸试样的有效模量

$$E_M = \frac{1}{BC_0}\left(\frac{W + a_0}{W - a_0}\right)\left[2.1630 + 12.219\frac{a_0}{W} - 20.065\left(\frac{a_0}{W}\right)^2 - 0.9925\left(\frac{a_0}{W}\right)^3 + 20.609\left(\frac{a_0}{W}\right)^4 - 9.9314\left(\frac{a_0}{W}\right)^5\right]$$

$$(3-45)$$

式中，C_0 为初始柔度；a_0 为初始裂纹长度。

5. 裂纹长度测量

静力试验压到适当载荷 F_S 后，停机卸载。对试样热着色或二次疲劳后，将试样压断，会显示出裂纹前缘，热着色或二次疲劳裂纹与静力扩展裂纹之间有明显分界线。疲劳预制裂纹前缘是裂纹稳定扩展的起点，热着色的终点或二次疲劳的起点是裂纹稳定扩展的终点位置。一般疲劳预制裂纹前缘为舌状，如图 3-30 所示，沿厚度 B 八等分等间隔的九点上测量裂纹尺寸 a_i（$i = 1，2，\cdots，9$），把靠近表面的两个测量结果平均，与其余 7 个取平均，有

$$a_0 = \frac{1}{8}\left(\frac{a_{01} + a_{09}}{2} + \sum_{i=2}^{8} a_{0i}\right) \quad (3-46)$$

$$a = \frac{1}{8}\left(\frac{a_1 + a_9}{2} + \sum_{i=2}^{8} a_i\right) \quad (3-47)$$

$$\Delta a = a - a_0 \quad (3-48)$$

6. 合格数据

把通过单试样实验或多试样实验得到的 $(J, \Delta a)$ 数据绘制在以 J 为纵坐标、Δa 为横坐标的图上，合格数据区是由左界、上界、右界和 Δa 轴围成的封闭区域。在 J-Δa 图上作钝化线 $J = 2\sigma_y\Delta a$，过 $\Delta a = 0.15$mm 作钝化线的平行线得到合格区域的左界，过 $J_{max} = b_0\sigma_y/15$（韧带 $b_0 = W - a_0$）作 Δa 轴的平行线得到合格区域的上界，过 Δa^* 作钝化线的平行线得到合格区域的右界，在合格区域内的数据才是有效数据，如图 3-31 所示。Δa^* 的确定方法：把第一根试样加载到最大载荷并刚刚开始下降时卸载，得到 F-Δ 曲线，经过热着色或二次疲劳后压断，根据加载、卸载柔度计算出初始裂纹长度 a_0、加载终止点的裂纹长度 $(a)_1$ 和裂纹扩展量 $(\Delta a)_1 = (a)_1 - a_0$。由 a_0、$(a)_1$ 和 $(\Delta a)_1$ 及 F_S 数据计算出加载终止点的 J_1，在 J-Δa 图上过点 $[J_1, (\Delta a)_1]$ 作钝化线的平行线，与 Δa 轴的交点为 Δa^*，0.6mm < $\Delta a^* \leqslant 1.5$mm。

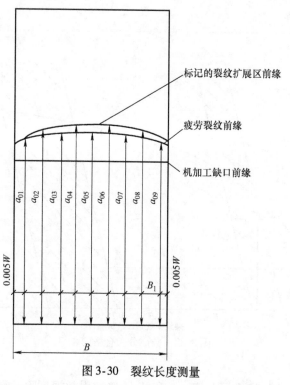

图 3-30　裂纹长度测量

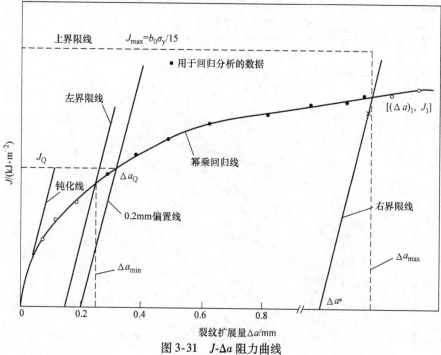

图 3-31　$J\text{-}\Delta a$ 阻力曲线

7. 数据的分布间隔

如图 3-32 所示，过 $\Delta a = 0.25\text{mm}$ 和 $\Delta a = \dfrac{3}{4}\Delta a^*$ 作钝化线的平行线，它们分别与左界限线、右界限线构成了 A 区和 B 区。在区域 A 和 B 内必须至少各有一个数据点，其他数据点在合格区域内任意分布。

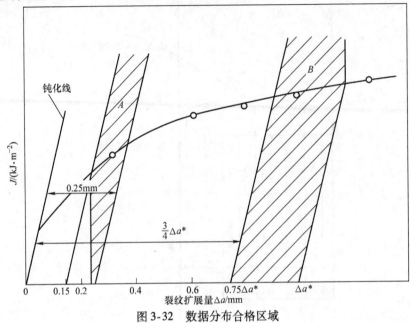

图 3-32　数据分布合格区域

8. J_Q 的确定

有效数据分布如图 3-33 所示，把 tuv 和 $t'u'v'$ 区域内数据剔除，剩余数据均为有效数据，在 Δa_{min} 和 Δa_{max} 与上限 J_{max} 之间至少要有四个数据点。

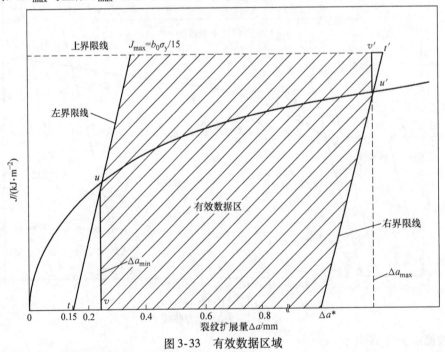

图 3-33　有效数据区域

有效数据符合幂函数，则有

$$J = C_1 (\Delta a)^{C_2} \tag{3-49}$$

取对数后，有

$$\ln J = \ln C_1 + C_2 \ln \Delta a \tag{3-50}$$

根据有效试验数据拟合出参数 C_1 和 C_2。

过 $\Delta a = 0.2\mathrm{mm}$ 作钝化线的平行线，与拟合线 $J = C_1 (\Delta a)^{C_2}$ 的交点为 $J_{Q(1)}$、$\Delta a_{(1)}$，有

$$\Delta a_{(1)} = \frac{J_{Q(1)}}{2\sigma_y} + 0.2 \tag{3-51}$$

$$J_{Q(2)} = C_1 (\Delta a_{(1)})^{C_2} \tag{3-52}$$

$$\cdots$$

如此逼近，当

$$\frac{J_{Q(i+1)} - J_{Q(i)}}{J_{Q(i)}} \times 100\% \leqslant 2\% \qquad (i = 1, 2, \cdots) $$

时就有

$$J_Q = J_{Q(i)} \tag{3-53}$$

9. 有效性判断

1）试样厚度 $B > 25 J_Q / \sigma_y$。

2）试样初始韧带 $b_0 = W - a_0 > 25 J_Q / \sigma_y$。

3）幂乘回归线在点 $(\Delta a_Q, J_Q)$ 处的斜率 $\mathrm{d}J/\mathrm{d}a$ 小于 σ_y。

4）从断口上直接测量的 9 个裂纹长度 a_i（$i = 1, 2, \cdots, 9$）与实测的裂纹长度误差小于 7%；试样表面扩展量与中心处扩展量之差小于 $0.02W$。

5）对于单试样法，根据最终卸载线用柔度法求出的裂纹扩展量与断口上测量的平均裂纹扩展量满足：当裂纹扩展量 $< \Delta a_{\max}$ 时，差值应小于 $0.15\Delta a$；当裂纹扩展量 $> \Delta a_{\max}$ 时，差值不应大于 $0.15\Delta a$。有效模量 E_M 与 E 之差不得大于 E 的 10%。

满足上述条件，则有

$$J_{IC} = J_Q \tag{3-54}$$

五、实验步骤

（1）测量尺寸　在试样裂纹面附近测量厚度和高度，测量三次取平均值。

（2）疲劳预制裂纹，一般采用应力比 0.1、频率适当、正弦波、最大应力不超过用 a_0 计算的极限载荷 F_L 的 50%，其中三点弯曲试样 $F_L = 4B(W - a_0)^2 \sigma_y / 3S$，紧凑拉伸试样 $F_L = B(W - a_0)^2 \sigma_y / (2W + a_0)$。疲劳扩展至最后 0.7mm 时，最大疲劳载荷不大于 $0.4F_L$，疲劳预制的裂纹长度不小于 a_0 的 5%，且不小于 1.3mm。如果较长时间不出现疲劳裂纹，可以加大载荷，一旦出现疲劳裂纹，立即降载到 $0.5F_L$ 以下。

（3）实验准备　试样粘贴刀口，调整试验夹具，安装引伸计，做好试验机检查准备并编写好试验条件程序。

（4）预试验　安装好试样后，以 0.5mm/min 的速度进行实验，加载到 F_L 的 20% 止，载荷卸到零，检查仪器设备和记录系统是否正常。

（5）正式试验　预实验正常后，以 0.5mm/min 的速度加载直至试样断裂。试验结束，记录最大载荷，保存数据，分析断口。

（6）测量裂纹长度　把一半断口沿厚度八等分后测出 9 个初始裂纹长度，计算出试样

的初始长度 a_0。

(7) 结束实验 仪器设备复原，关闭电源。

六、实验结果处理

对于多试样法，测量出每个试样的裂纹长度 a_0、a_i，由每个试样的 F-Δ 曲线和停机载荷计算出 J_e 与 J_P 值，计算出每个试样 Δa_i 和 J_i。对于单试样法，由每个试样的 F-Δ 曲线和 F-V 曲线，计算出 a_0、a_i 和 J_e、J_P 值，进而算出每个试样的 Δa_i 和 J_i。由得到的 Δa_i 和 J_i 数据绘制 J-Δa 曲线，判断有限数据和合理分布区间，拟合参数 C_1 和 C_2，计算出 J_Q 值，给出结论。

七、预习要求

1) 预习断裂力学的相关内容，明确实验目的和要求。
2) 查阅延性金属材料断裂纹韧度 J_{IC} 测试的国标。
3) 安排实验程序，设计好实验数据记录表格。

八、思考题

1) 使用断裂韧度 K_{IC} 和 J_{IC} 的材料区别是什么？
2) 弹性范围内，K_I 和 J_I 等效吗？写出换算公式。
3) 如何将 F-Δ 曲线面积换算成塑性功？

第八节 金属材料疲劳裂纹扩展速率 da/dN 的测定

一、实验目的

1) 测定金属材料疲劳裂纹扩展速率 da/dN。
2) 学会 da/dN 的测试技术，掌握数据处理方法。

二、实验设备

1) 疲劳试验机，用于疲劳裂纹扩展试验。
2) 手持式电子读数显微镜，用来测量和读取裂纹长度。
3) 游标卡尺，测量尺寸。
4) 夹式引伸计，用于柔度法间接测量裂纹长度。

三、试样

测定金属材料的疲劳裂纹扩展速率 da/dN，一般选用紧凑拉伸试样［C(T)］、中心裂纹试样［M(T)］和三点弯曲试样［SE(B)］，具体形式分别见图 3-34 ~ 图 3-36，图 3-37 为 C(T) 试样 U 形夹具和销钉。要求试样平面尺寸保证在试验力下厚度方向足以防止屈曲，除此外，对试样厚度和强度无其他限制。

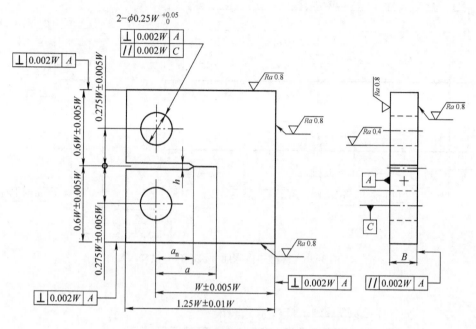

图 3-34　标准紧凑拉伸 [C(T)] 试样

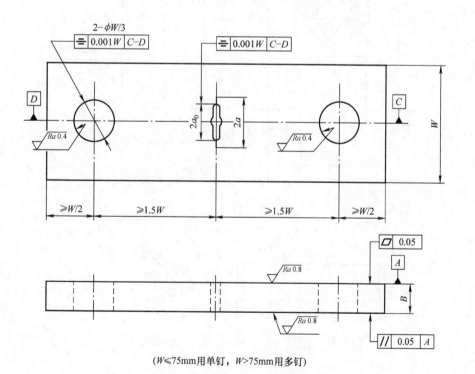

($W \leq 75\text{mm}$ 用单钉，$W > 75\text{mm}$ 用多钉)

图 3-35　标准中心裂纹 [M(T)] 试样

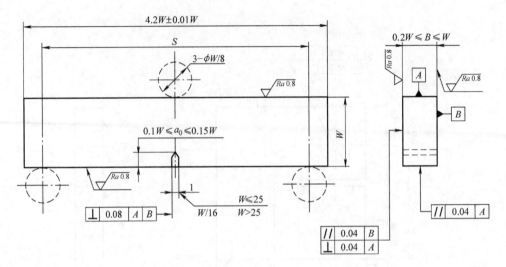

图 3-36　标准三点弯曲［SE(B)］试样

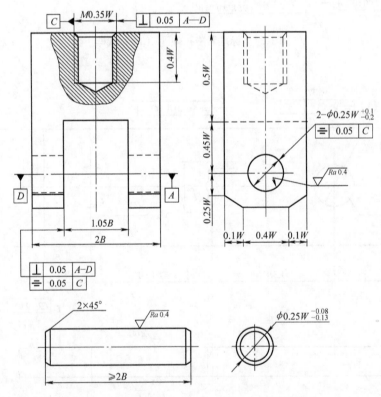

图 3-37　紧凑拉伸［C(T)］试验 U 形夹具和销钉

四、实验原理和方法

1. da/dN 定义

含裂纹元件、结构或构件在交变应力作用下，裂纹长度会随着交变应力循环次数 N 的增加而扩展，即裂纹长度 a 是循环数 N 的函数：$a = f(N)$。把随交变应力每变化一次的裂纹长度增加量定义为疲劳裂纹扩展速率，记为 $\mathrm{d}a/\mathrm{d}N$，单位为 $\mathrm{mm/cycle}$。疲劳裂纹扩展速率试验较为复杂，有等幅交变应力、变幅交变应力、随机谱交变应力等。本实验研究的是等幅应力下裂纹扩展速率大于 $10^{-5}\,\mathrm{mm/cycle}$ 的稳态扩展情况。

疲劳裂纹扩展速率 $\mathrm{d}a/\mathrm{d}N$ 主要取决于交变应力下裂纹尖端应力强度因子幅值 $\Delta K = K_{\max} + K_{\min}$，$K_{\max}$ 是疲劳交变最大应力 $\sigma_{\max}$ 产生的裂尖应力强度因子，$K_{\min}$ 是疲劳交变最小应力 $\sigma_{\min}$ 产生的裂尖应力强度因子。ΔK 由交变载荷幅值 ΔF 和裂纹长度 a 代入相应试样应力强度因子计算公式得到。因此，普遍认为，$\mathrm{d}a/\mathrm{d}N$ 是 ΔK 的函数，有 Paris 公式

$$\frac{\mathrm{d}a}{\mathrm{d}N} = c\,(\Delta K)^m \tag{3-55}$$

不难发现，疲劳裂纹扩展速率 $\mathrm{d}a/\mathrm{d}N$ 实验本质就是确定材料常数 c 和 m。

2. 实验原理和方法

测定疲劳裂纹扩展速率实验，是对每一个试样施加定频率、定幅值、定应力比的等幅正弦交变疲劳载荷，获取若干数据点（$\mathrm{d}a/\mathrm{d}N$，ΔK），把每一组试样全部数据点（$\mathrm{d}a/\mathrm{d}N$，ΔK）代入 Paris 公式，通过函数拟合方法确定表达式中的系数（c，m）。

试验载荷由试验机控制给定，疲劳循环数 N 由试验机自动记录，试验过程的关键是读取裂纹长度，一般有直读法或柔度法（下面介绍）。

对于 C(T) 试样，应力强度因子幅值的计算公式为

$$\Delta K = \frac{\Delta F(2+\alpha)}{B\sqrt{W}(1-\alpha)^{\frac{3}{2}}}(0.866 + 4.64\alpha - 13.32\alpha^2 + 14.72\alpha^3 - 5.6\alpha^4) \tag{3-56}$$

式中，$\alpha = a/W$，适用范围 $a/W \geqslant 0.2$。

对于 M(T) 试样，应力强度因子幅值的计算公式为

$$\Delta K = \frac{\Delta F}{B}\sqrt{\frac{\pi a}{2W}\sec\frac{\pi\alpha}{2}} \tag{3-57}$$

式中，$\alpha = 2a/W$；$\Delta F = F_{\max} - F_{\min}$（应力比 $R \geqslant 0$），$\Delta F = F_{\max}$（应力比 $R < 0$），适用范围 $a/W \leqslant 0.95$。

对于标准 SE(B) 试样（$S = 4W$），应力强度因子幅值的计算公式为

$$\Delta K = \frac{\Delta F}{B\sqrt{W}}\left[\frac{6\sqrt{\alpha}}{(1+2\alpha)(1-\alpha)^{\frac{3}{2}}}\right][1.99 - \alpha(1-\alpha)(2.15 - 3.93\alpha + 2.7\alpha^2)] \tag{3-58}$$

式中，$\alpha = a/W$，适用范围 $0.3 \leqslant a/W \leqslant 0.9$。

3. 对试样尺寸的要求

（1）对厚度的要求　在试验力下厚度方向足以防止屈曲。

（2）对宽度的要求　试样宽度要足够大，保证获得足够数据，且试验过程中试样始终处于小范围屈服，有

$$W - a_{\max} \geqslant \frac{4}{\pi}\left(\frac{K_{\max}}{\sigma_{0.2}}\right) \qquad [\text{C(T)试样}] \tag{3-59}$$

$$W - 2a_{\max} \geqslant \frac{1.25F_{\max}}{B\sigma_{0.2}} \qquad [\text{M(T)试样}] \tag{3-60}$$

$$W - a_{max} \geqslant \left[\frac{12WF_{max}}{2B\,\sigma_{0.2}}\right]^{\frac{1}{2}} \qquad [SE(B)试样] \qquad (3-61)$$

对于高应变硬化材料，用σ_s代替式（3-59）～式（3-61）中的$\sigma_{0.2}$。

4. 裂纹长度的测量方法

（1）直读法　试验中，用手持式电子读数显微镜直接读出裂纹尖端任意时刻的裂纹长度。一般在试样裂纹扩展方向粘贴薄的透明标尺，电子读数显微镜内也有$0.1mm$的标尺（一般量程只有$1mm$），两者结合使用能准确地测出裂纹长度。对于薄的试样，只需在一个表面上测量裂纹长度即可。对于较厚的试样如$B/W > 0.15$的试样，单边裂纹试样需测量两个表面裂纹长度后取平均值，M（T）试样需要测量四个表面裂纹长度后取平均值。C（T）试样裂纹长度从加载线算起，M（T）试样裂纹长度从试样中心线算起，SE（B）试样裂纹长度从裂纹嘴算起。根据试验时载荷大小、频率高低选用停止疲劳试验、降低试验幅值或降低试验频率后测量裂纹长度。目前最为先进的测量裂纹长度方法是用CCTV镜头通过计算机读取裂纹长度，也有用高速摄像机读取裂纹长度的。

（2）柔度法　由线弹性断裂力学可知，裂纹长度与裂纹张开时的柔度存在函数关系，而柔度是刚度的倒数，有$a = f(BWV/F)$，因此，试验时测出裂纹面张开位移，也能计算出裂纹长度。试验时，需要在试样给定位置（使用时，查阅相关标准），安装引伸计，以便测量张开位移，把这种确定裂纹长度的方法称为柔度法。对于紧凑拉伸试样［C（T）］、中心裂纹试样［M（T）］和三点弯曲试样［SE（B）］三种试样安装引伸计的位置不同，通过柔度换算裂纹长度的公式也不相同（查阅相关标准）。

一些先进的疲劳试验机带有测量da/dN的专用软件程序，也有相应测量裂纹张开位移的引伸计，输入试样形式名称尺寸和材料常数，在疲劳裂纹扩展试验过程中会自动算出裂纹长度a和ΔK。

除上述两种测量裂纹长度方法外，也可采用电位法、涡流法、断裂丝片法等。

5. 数据处理方法

（1）割线法　割线法就是计算相邻两点的斜率，有

$$\left(\frac{da}{dN}\right)_{\bar{a}} = \frac{a_{i+1} - a_i}{N_{i+1} + a_i} \qquad (3-62)$$

由于da/dN是增量$(a_{i+1} - a_i)$的平均速率，因此只能用平均值$\bar{a} = (a_{i+1} + a_i)/2$计算$\Delta K$值。

（2）递增多项式　通常处理疲劳裂纹扩展数据采用递增多项式，它是一种局部拟合求导以确定疲劳裂纹扩展速率和疲劳裂纹长度拟合值的方法。对任一试验数据点i，取前后各n点共$(2n+1)$个连续数据点，用二次多项式拟合求导。计算$i+1$点时，去掉第一点，加上紧挨后边一点，共计还是$(2n+1)$点，以此类推。一般取$n = 3$，称之为七点递增多项式。

拟合的裂纹长度为

$$\hat{a}_i = b_0 + b_1\left(\frac{N_i - C_1}{C_2}\right) + b_2\left(\frac{N_i - C_1}{C_2}\right)^2 \qquad (3-63)$$

式中，$C_1 = (N_{i+n} + N_{i-n})/2$；$C_2 = (N_{i+n} - N_{i-n})/2$；系数$b_0$、$b_1$、$b_2$是在区间$a_{i-n} \leqslant a \leqslant a_{i-n}$按照最小二乘法确定的回归参数；$\hat{a}_i$是对应循环数$N_i$的拟合长度。

第 i 点的疲劳裂纹扩展速率为

$$\left(\frac{\mathrm{d}a}{\mathrm{d}N}\right)_{\hat{a}_i} = \frac{b_i}{C_2} + \frac{2b_2(N_i - C_1)}{C_2^2} \tag{3-64}$$

利用对应于 N_i 的拟合裂纹长度 $\hat{a}_i$ 计算出与 $\mathrm{d}a/\mathrm{d}N$ 相应的 ΔK 值，得到 $\mathrm{d}a/\mathrm{d}N - \Delta K$ 曲线上第 i 点的数据 $(\mathrm{d}a/\mathrm{d}N, \Delta K)_i$。上述过程仅仅是局部一点，其余 $(v - 2n)$ 点，逐次局部 $(2n+1)$ 个点拟合，可得到 $(v-2n)$ 个 $(\mathrm{d}a/\mathrm{d}N, \Delta K)$ 数据点，工作量相当繁重（注：v 是合格试验数据点总个数）。

现在普遍采用电脑自动计算完成局部拟合全过程，国标和航标均附有利用七点递增多项式计算 $\mathrm{d}a/\mathrm{d}N$ 值和相应 ΔK 的 Fortran 程序，提供使用参考。

（3）系数 c 和 m 的确定　将一组试样的全部 $(\mathrm{d}a/\mathrm{d}N, \Delta K)$ 数据综合一起，拟合平均 $\mathrm{d}a/\mathrm{d}N - \Delta K$ 曲线，确定表达式中的待定系数。

对 Paris 公式（3-55）两边取对数，则有

$$\lg\left(\frac{\mathrm{d}a}{\mathrm{d}N}\right) = \lg c + m \lg \Delta K \tag{3-65}$$

令

$$\lg\left(\frac{\mathrm{d}a}{\mathrm{d}N}\right) = y \quad \lg(\Delta K) = x \quad \lg c = C \tag{3-66}$$

则

$$y = C + mx \tag{3-67}$$

式（3-67）说明，在双对数坐标系中，由 Paris 公式描述的 $\mathrm{d}a/\mathrm{d}N - \Delta K$ 函数关系是一条直线。因此，在拟合 $\mathrm{d}a/\mathrm{d}N - \Delta K$ 曲线时，首先要把全部 $(\mathrm{d}a/\mathrm{d}N, \Delta K)$ 数据绘入双坐标图中，然后用 Paris 公式拟合，确定待定系数 c 和 m。

6. 影响疲劳裂纹扩展速率的主要因素

（1）微观组织影响　具有平面滑移特性合金容易发生应变局部变化和反向滑移，从而降低 $\mathrm{d}a/\mathrm{d}N$。晶粒较小的微观组织使得 $\mathrm{d}a/\mathrm{d}N$ 升高，而晶粒较大的微观组织使得 $\mathrm{d}a/\mathrm{d}N$ 降低。普遍认识是，较小的晶粒尺寸能够提高材料的裂纹萌生能力和材料强度；粗晶粒组织具有良好的抗裂纹扩展能力。显然这是相互矛盾的，要根据实际，以微观组织选择材料。

（2）应力比的影响　大量试验结果表明，应力比 R 对材料的疲劳扩展速率有显著影响。ΔK 一定时，R 越大，$\mathrm{d}a/\mathrm{d}N$ 也越高；反之亦然。不同 R 值下的 $\mathrm{d}a/\mathrm{d}N - \Delta K$ 曲线，均符合 Paris 公式描述。

（3）加载频率的影响　目前仅得到加载频率影响的初步定性结论：ΔK 较低时，加载频率对 $\mathrm{d}a/\mathrm{d}N$ 的影响小；ΔK 较高时，加载频率对 $\mathrm{d}a/\mathrm{d}N$ 的影响大；较低的加载频率和高温环境联合作用一般会使许多高温合金材料的 $\mathrm{d}a/\mathrm{d}N$ 提高，同时加载波形也会对 $\mathrm{d}a/\mathrm{d}N$ 有显著影响；腐蚀介质中，低的加载频率会使 $\mathrm{d}a/\mathrm{d}N$ 提高。

（4）超载的影响　拉伸超载有迟滞效应，会引起 $\mathrm{d}a/\mathrm{d}N$ 降低，甚至完全停止扩展；压缩超载能使 $\mathrm{d}a/\mathrm{d}N$ 显著提高，加速裂纹扩展。

（5）疲劳裂纹扩展的阻滞　疲劳裂纹扩展过程中，经常受到裂纹闭合或载荷间相互作用的影响，使得裂纹扩展明显迟滞减缓导致速率显著下降。这种阻滞效应对工程结构是有利的，可以加以利用。塑性诱发的裂纹闭合，疲劳裂纹扩展中，裂纹尖端发生了不可逆的塑性

变形，在裂尖形成了一个塑性包络区，充斥着残余压应力，当残余应力足够大时会导致裂纹面提前闭合，阻滞了裂纹扩展。氧化物诱发的裂纹闭合，裂纹扩展中，潮湿空气会使新形成的裂纹面氧化，特别在 ΔK 较小、应力比较小、频率较低的条件下，裂纹表面更容易氧化，加上反复疲劳摩擦使氧化膜破裂后又再次生成，形成一定厚度的氧化层，导致裂纹面提前闭合，阻滞了裂纹向前扩展。粗糙度诱发的裂纹闭合，疲劳裂纹扩展中，由于裂纹偏析、裂纹扩展路径曲折，断裂面呈现高低不平的锯齿状，上下裂纹面凹凸不平导致提前接触，形成裂纹闭合效应，从而使 da/dN 降低，阻滞了裂纹扩展。

五、实验步骤

（1）测量尺寸　在试样裂纹面附近测量厚度和高度，测量三次取平均值。

（2）疲劳预制裂纹，一般采用应力比 0.1、频率适当、正弦波，最大应力取屈服强度 $\sigma_{0.2}$ 的 10% ~ 25%，至少采用两级应力水平进行逐级降载，级差不能大于最大载荷的 20%，最后一级的最大载荷不能大于开始记录的最大载荷，每级裂纹扩展量 0.5 ~ 0.8mm。

（3）实验准备　试样粘贴刀口，调整试验夹具，安装引伸计，做好试验机检查准备并编写好试验条件程序，包括试样形式与尺寸、最大载荷、最小载荷、应力比、波形和试验频率等，及试验过程的最大最小载荷保护、最大最小位移保护。

（4）预试验　安装好试样后，以试验最大载荷的 60% 循环预试加载，运行循环数不超过 100 次，检查试验是否正常。

（5）正式试验　预实验正常后，设置好最大最小载荷保护和最大最小位移保护。按照要求的载荷、频率和波形正式试验。

应注意以下几点：

（1）疲劳试验过程中，保证最大载荷 F_{max}、应力比和试验频率恒定，避免过载迟滞效应，裂纹扩展一个 Δa 量后，测量记录当时裂纹长度 a 和对应循环数 N，如此重复直到试样断裂，就能得到一系列由 a 和 N 成组的 $a - N$ 数据曲线。

（2）Δa 的测量间隔应使 da/dN - ΔK 数据点均匀分布，一般 $\Delta a = 0.5 ~ 0.8$mm，最小 $\Delta a = 0.25$mm 或 10 倍的裂纹检测精度。

（3）试验中任一点平均穿透疲劳裂纹与试样对称平面的最大偏离超过 ±10°，或某一点处前后表面裂纹长度测量值之差大于 $0.25B$，或左右两侧裂纹长度测量值（取前后表面的算术平均值）之差大于 $0.025W$，则该点数据无效。

（4）观测裂纹长度时，为了增加裂纹尖端的清晰度，允许施加静载，但该静载不能超过疲劳最大载荷，最好不超过疲劳最大载荷的 80%，疲劳试验中断时间应当最小，例如不超过 10min。

（5）如果用目测法测量裂纹长度，当 $B/W < 0.15$ 时，C(T) 试样和 SE(B) 试样只需在一个表面上测量裂纹长度；M(T) 试样需要在左右两侧测量裂纹长度，取算术平均值。当 $B/W \geqslant 0.15$ 时，C(T) 试样和 SE(B) 试样需要在前后两个表面上测量裂纹长度，取算术平均值；M(T) 试样需要在前后两个表面左右两侧四点测量裂纹长度，取算术平均值。

（6）疲劳裂纹扩展试验原则上不能中断，若长时间中断且中断后的裂纹扩展速率比中断前小，则试验无效。

（7）结束实验　仪器设备复原，关闭电源。

六、实验结果处理

用实验获得的一组试样全部有效数据（a，N），绘制 a-N 曲线，计算出（$v-2n$）个点的成组数据点（da/dN，ΔK），绘制 $\lg(da/dN)$-$\lg\Delta K$ 曲线，拟合确定参数 c 和 m，给出 Paris 公式的具体形式。

七、注意事项

1）务必设置好载荷保护和位移保护，做好人身安全防护。
2）坚决避免手指随意放进试验机上下夹头之间，避免对人身造成伤害。
3）务必对试验机操作熟悉，特别要知道安全紧急停机的红色按钮位置。
4）必须提前预习，制定好试验程序和操作步骤，制定好安全防范措施。

八、预习要求

1）预习疲劳裂纹扩展实验的有关内容，明确实验目的和要求。
2）查阅金属材料疲劳裂纹扩展速率 da/dN 测试的国标和航标。
3）安排好实验程序，设计好实验数据记录表格。
4）制定好人身安全防范措施。

九、思考题

1）材料的完整 da/dN-ΔK 线分为几个阶段，各是什么？
2）疲劳裂纹扩展门槛值 $(\Delta K)_{th}$ 是如何定义的？简述测量过程。
3）进行疲劳扩展试验时，突然出现了一个突跳载荷，会使 da/dN 增加还是减小？
4）正在进行疲劳裂纹扩展试验，因故使得试验停止 48h，重新开始继续试验后，分析后边的 da/dN 可能变大还是变小，为什么？
5）分析总结测定 S-N 曲线实验和测定 da/dN 实验的异同点。
6）K_{IC} 实验和 da/dN 实验中，紧凑拉伸试样的 U 形夹具有何异同，为什么？

第四章 实验设备及仪器

在材料力学实验中，给试样（或模型）施加载荷的专用设备称为材料试验机。根据加力的性质可分为静荷试验机和动荷试验机，根据加力形式可分为拉压试验机和扭转试验机，根据加力驱动方式可分为液压式试验机、机械式试验机和电子式试验机。如果一台试验机可以兼作拉伸、压缩、剪切、弯曲等试验，则称之为万能试验机。试验机的加载控制方式分为载荷、位移和应变三种形式，有开环控制和闭环控制之分。随着力学实验的发展和科技水平的提高，计算机控制的电子万能试验机和液压伺服试验机的使用范围在不断扩大，大大提高了实验水平和精度。

试验机的种类虽然很多，但都是由两个基本部分组成的：加载系统和测量系统，测量系统还包括了绘图装置。根据国家统一规定，要求试验机载荷的示值误差在 ±1% 以内，且试验机在使用一定时间后，都要进行合格检定，不合格就必须进行检修。

第一节 液压式万能试验机

液压式万能试验机是一种靠油压进行加力的设备。根据液压缸活塞所处位置不同可分为下置式和上置式两种结构形式。上置式是最普遍的在用机型，它的液压缸活塞在主机顶部，工作时中间工作台向上移动，压缩时试样在其上方，拉伸时试样在其下方。下置式是较新型的试验机，它的液压缸活塞在主机底部，工作时下横梁固定不动，压缩时试样在其下方，拉伸时试样在其上方。两种形式试验机的工作原理相同、操作方式相同。现以下置式液压摆式万能试验机为例介绍液压试验机的结构原理和操作方法，图 4-1 是其外形，图 4-2 是其原理示意图。

一、加力系统

图 4-2 中，底座 28、两根丝杠 16 和下横梁 20 组成承力框架，支撑主机重量，是固定不动部分。工作液压缸 27、活塞 24、活动工作台 26、两根立

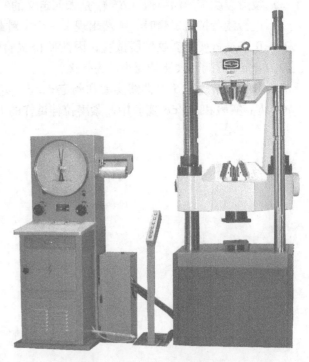

图 4-1 液压摆式万能试验机外形

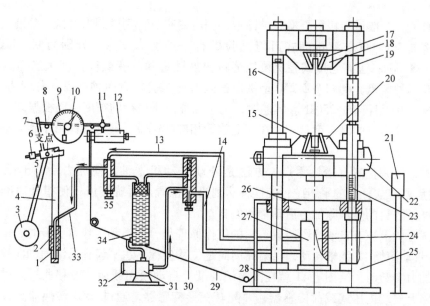

图 4-2　液压摆式万能试验机原理示意图

1—测力活塞　2—测力液压缸　3—摆锤　4—拉杆　5—摆杆　6—平衡砣　7—推杆
8—齿杆　9—示力度盘　10—示力指针　11—绘图笔　12—滚筒　13—回油管
14—进油管　15—下钳口座　16—丝杠　17—上钳口座　18—上横梁　19—立柱
20—下横梁　21—按钮盒　22—升降电动机　23—标尺　24—活塞　25—底座罩板
26—工作台　27—液压缸　28—底座　29—拉线　30—进油阀　31—液压泵
32—电动机　33—测力油管　34—油箱　35—回油阀

柱 19 和上横梁 18 组成加力活动框架，是上升移动部分。开启电动机 32 带动液压泵 31 工作，液压油从油箱 34 经进油阀 30、进油管 14 进入工作液压缸 27，推动活塞 24 和整个加力框架上升。若把试样安装于上横梁夹头与下横梁夹头之间，下横梁固定不动，上横梁随加力框架上升，试样就承受拉力。若把试样安装在活动工作台与下横梁之间，当活动工作台上升时，试样就承受压力。进油阀用来调节控制进油量，以此控制加载速度。因此，液压摆式万能试验机属载荷控制试验机。加载时，回油阀 35 置于关闭位置。回油阀打开时，工作液压缸中的液压油泄回油箱，整个加力框架下降，回到原始位置。进油阀和回油阀顺时针旋转油门越来越小直至关闭，逆时针旋转油门越来越大。注意避免阀门手轮脱落，液压油喷出。通过升降电动机 22 和丝杠 16 来上下调节下横梁位置，以满足长短不同试样的装夹要求。

二、测力系统

实验时，工作液压缸活塞推力与试样承受的力成正比。工作液压缸 27 和测力液压缸 2 是连通的，油压也同时推动测力活塞 1 向下移动使拉杆 4 拉动摆锤 3，绕支点转动而抬起，同时摆上的推杆 7 推动齿杆 8，使齿轮和指针旋转。测力液压缸活塞与工作液压缸活塞的压强相同，两个活塞上的总压力成正比。经过制造厂家的专业标定，示力盘上的指针直接表示出载荷的大小。

从结构和工作原理可知，若增加或减少摆锤的重量，或改变摆杆长度，指针转过相同的角度，所要的油压是不同的。这说明指针虽在同一位置，但所指示的载荷大小与摆锤重量和摆杆长度有关。一般试验机可更换三种锤重，相应的有三种刻度测力度盘，分别表示三种测力范围，例如 WE-600C 液压摆式万能试验机有三种测力度盘，分别为 0 ~ 120kN、0 ~ 300kN、0 ~ 600kN；也有老型试验机可以通过更换锤重和改变摆杆长度来选择试验机的量程，一般有四种度盘，例如 WE-250 型液压摆式万能试验机有四种度盘，分别为 0 ~ 25kN、0 ~ 50kN、0 ~ 100kN、0 ~ 250kN。实验时，为了保证测量载荷的精度，要根据试样先估算出载荷大小来选择适宜的测力度盘，并在摆上放置相应的锤重。通常摆锤由小到大编为 A、B、C 等号码。

加载时，应调整测力指针零点。方法是开动电动机送油，使加力活动框架至少上升10mm，然后调节摆杆上的平衡砣，使摆杆达到铅垂位置。再旋转齿杆使指针对准度盘上的零点。这样做的目的是消除加力活动框架的自重。

一般试验机上还有自动绘图装置。它的工作原理是，当活动工作台上升时，由绕过滑轮的拉线29带动滚筒12绕轴转动，沿滚筒周向是位移坐标；水平齿杆沿滚筒轴向移动表示载荷坐标。加力实验时，绘图笔11就在滚筒记录纸上自动绘出载荷 – 位移曲线。另外若在试验机的油路上安装内压式载荷传感器，并配套变形传感器，通过 A/D 转换器直接将载荷和变形信号输入计算机，就可以绘制出精确的载荷 – 变形曲线，载荷和变形也会随机显示，通常把这种试验机也称作屏显式液压万能试验机。

三、计算机控制的液压伺服万能试验机

现在已经有了普遍使用的、更先进的、计算机控制的液压伺服万能试验机，如图4-3所示，其基本原理与传统液压摆式万能试验机相同，主机结构也相同。计算机控制的液压伺服万能试验机与传统液压摆式万能试验机比较，区别在于增加了伺服阀，通过计算机控制加载速度、采集处理数据、显示所要的曲线，能长期保存数据。没有了传统的测量载荷锤、指示载荷的度盘与指针、粗糙的拉线滑轮式位移测量系统和手轮控制进油/回油阀门，代替的是用力传感器（内压式或串联式载荷传感器）测量载荷、位移传感器测量位移、引伸计测量标距内试样变形，有一控制箱实现与计算机通信对信号采集、控制和处理，创建好实验方法就能按照要求的控制方式、加载速度、采样频率完成实验，也能给出所要结果，实验自动化和测量精度大大提高。组成单元详细参见扭转试验机相关内容（本章第四节），拉/压载荷测量单元和变形测量单元与扭矩测量单元相同，位移测量单元与扭角测量单元相同。

图4-3 计算机控制的液压伺服万能试验机

四、操作步骤

1）打开主机电源和计算机电源。
2）进入试验机操作系统。
3）打开系统左上角的启动和联机。

4）打开实验方法模块。创建实验方法，确定是拉伸/压缩、是否用引伸计、实验速度、显示选项（载荷、位移、变形、试样及对应单位）。

5）载荷零点（载荷调零必须在空载下进行）。

6）按照要求，安装好试样和引伸计（需要时）。对拉伸试验，夹持长度不小于夹块的4/5，夹持部分放好后夹紧夹块。对压缩或弯曲试验，把试样安装于专用夹具上即可。根据需要，升降横梁至合适位置。

7）位移和变形调零。

8）点击开始按钮，实验正式开始。注意一般情况下绿色三角形为实验开始按钮，红色方形为实验结束停止按钮，黄色双竖杠为实验暂停按钮。

9）实验结束，按实验结束停止按钮。取下试样，恢复初始状态。

10）切断电源，搞好卫生。

五、注意事项

1）务必注意安全，一切行动听指挥，提前做好预习。

2）横梁快速移动手控盒有上、下、停三个按钮，选择移动方向（指示灯亮），顺时针转动控制盒上电位器旋钮，横梁就会按照选择方向移动。一旦停止，要重新选择方向和旋转电位器，横梁才能移动。

3）若遇紧急情况，务必及时按下主机上的急停按钮，断开总电源。

第二节 机械摆式万能试验机

机械摆式万能试验机是一种靠机械方式加力和测力的专用设备。常用的机械摆式万能试验机外形如图 4-4 所示，构造原理如图 4-5 所示。

一、加力系统

图 4-5 中，由底座 24、两个固定立柱 21 和上横梁 11 组成承力固定框架。框架中间装有活动台 16，在活动台的上空间可分别进行拉伸、压缩、弯曲等试验。这种试验机可分别用电动或手摇装置加载。用电动加载时要先将离合器手柄 17 置于"电动慢速"位置，再开启电动机 23，通过无级变速箱 22 带动底座中的蜗轮蜗杆转动。通过螺杆 1 带动活动台 16 和下夹头 14 沿导轨 13 向下或向上移动，试样装夹在上夹头 12 和下夹头 14 中间，活动台向下移动拉伸试样，向上移动压缩试样。可通过转动调速手轮 18 来调节加载速度，手轮上的标刻值是指下夹头的移动速度，其速度范围为 5～30mm/min。注意只有在电动机运转的情况下，才能通过手轮调节加载速度。为了防止随便转动调速手轮 18，平时应该用旋紧手柄 19 将手轮卡紧，以免损坏机件。需要手动慢速加载时，将离合器手柄 17 调到"手动"位置，再摇动手摇柄 20 使下夹头移动。每

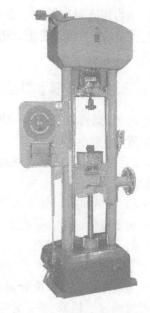

图 4-4 机械摆式万能试验机

摇一圈下夹头移动0.01mm。

如果需要快速调整上下夹头之间的距离，要先将离合器手柄17调到"电动快速"位置，这时电动机23和小电动机15同时工作，它们带动螺杆1较快转动，从而使下夹头快速移动。开启小电动机15要注意两点：第一，它的功率很小，只能空载运行；第二，它的速度很快，要注意及时停机，防止上下夹头冲撞而损坏电动机。

二、测力系统

试样安装在上下夹头之间，载荷通过AB和CE两级杠杆系统10传递，带动摆锤4绕支点9转动而抬起。AB杠杆有两个支点，试样受拉时，以A为支点，B脱离；试样受压时，会自动以B为支点，A点脱离。从而无论试样受拉还是受压CE杠杆的动作均一致，摆锤也总向一个方向摆动，推动水平齿杆3移动，在测力度盘5上便可示出试样承受的拉力或压力大小。这种试验机的摆锤分A、B、C三种，对应的测力度盘分别为0~20kN、0~50kN、0~100kN。

上夹头12及杠杆系统的重量由平衡铊8来平衡。实验开始前调整平衡铊使摆杆7保持垂直，示力指针对准零点。由于这种试验机的结构特点，零点不易变更，所以无须经常调整零点。

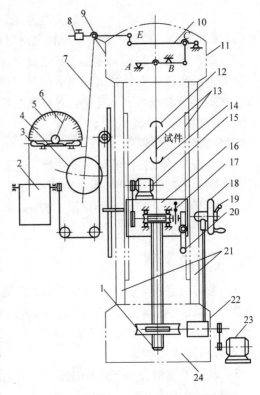

图4-5 机械摆式万能试验机结构原理图
1—螺杆 2—自动绘图器 3—水平齿杆 4—摆锤
5—测力度盘 6—指针 7—摆杆 8—平衡铊
9—支点 10—杠杆系统 11—上横梁 12—上夹头
13—导轨 14—下夹头 15—小电动机
16—活动台 17—离合器手柄 18—调速手轮
19—旋紧手柄 20—手摇柄 21—立柱
22—无级变速箱 23—电动机 24—底座

三、操作步骤和注意事项

1）根据要求准备好相应的试样夹头。检查离合器、调速手轮和有关保险开关是否在正确位置上。

2）估算所需的最大载荷，选择测力度盘，配置相应的摆锤重量。调节摆杆垂直，调整指针零点。

3）安装试样。如夹头距离不合适，就要开机调整活动台到合适位置，停机后再装夹试样。对于拉伸试验，要把上下夹头锁紧。

4）正式试验加载。

手动加载：先把离合器手柄置于"手动"位置，再摇动手柄加载。

电动加载：要将离合器手柄置于"电动慢速"位置，然后开动电动机23加载。需要时可通过调速手轮18来变更加载速度。

5）实验完毕，立即停机。取下试样，一切复原。

6）注意事项。

① 为了使离合器的齿轮很好啮合，将离合器手柄向"手动"位置调节的同时，要转动手摇加载手柄。

② 必须在加载电动机运转的条件下，转动调速手轮，才能实现电动加载调速。

③ 要使电动机改变运转方向，必须先停机，然后再换向。

④ 试验机运转时，操作者不得擅自离开，不得触动摆锤，有异常现象或发生任何故障，必须立即停机。

⑤ 小电动机 15 只能用于快速调节活动台的升降，严禁用于加载或卸载。

第三节　电子万能试验机

电子万能试验机是一种把电子技术和机械传动很好结合的新型加力设备。它具有准确的加载速度和测力范围，能实现恒载荷、恒应变和恒位移自动控制，也有低周循环载荷、循环变形和循环位移的功能。配用计算机后，使得电子万能试验机的操作自动化、试验程序化程度更高，操作更为便捷。拉伸试验载荷–变形曲线或其他试验曲线均可直接准确地由计算机屏幕显示并通过打印机打印。电子万能试验机一般为门式框架结构，从试验空间上又分为单空间试验机（拉伸试验和压缩试验在一个空间进行）和双空间试验机（拉伸试验和压缩试验分别在两个空间进行）。电子万能试验机的型号繁多，形式多样，结构也不尽相同。但各类电子万能试验机的工作原理和操作方法都基本相同。图 4-6 是电子万能试验机外形，图 4-7 所示为其结构原理图。

图 4-6　电子万能试验机外形

一、加载系统

图 4-7 中，加载系统由上横梁 9、四根立柱 6、工作平台 3、两根滚珠丝杠 5、活动横梁 7、伺服直流电动机 1、同步齿轮箱 2 及驱动控制单元组成。试样装夹在工作台与活动横梁之间。驱动控制单元发出指令，伺服直流电动机驱动齿轮箱带动滚珠丝杠转动，使活动横梁上下移动，给试样施加载荷。

二、测量系统

电子万能试验机的测量系统包括了载荷测量、变形测量和位移测量。

载荷测量是把载荷传感器的信号经过放大、整流、滤波等输送给计算机采集或控制。

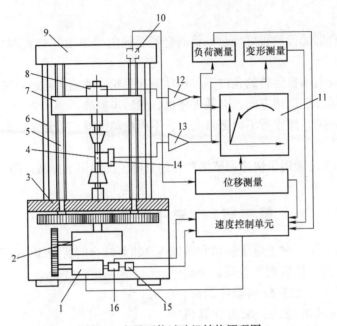

图 4-7　电子万能试验机结构原理图

1—电动机　2—同步齿轮箱　3—工作平台　4—试样　5—滚珠丝杠　6—立柱

7—活动横梁　8—传感器　9—上横梁　10—光栅编码器　11—X—Y 记录仪

12、13—放大器　14—引伸计　15—变压器　16—测速电动机

　　同理，变形测量是把变形传感器（引伸仪）的信号经过放大、整流、滤波输送给计算机采集或控制。

　　位移测量是将与滚珠丝杆联动的光电编码器信号进行放大，输入给计算机。

三、计算机控制的电子万能试验机

　　计算机控制的电子万能试验机如图 4-8 所示，主机结构见图 4-6 左侧，构造原理见图 4-7 左侧，右侧控制柜功能用控制箱与计算机替换，控制箱接收信号并进行 A/D 转换，通过计算机控制加载速度、采集处理数据、计算机屏显示所要的曲线，能长期保存数据。用串联式力传感器测量载荷、与主传动轴连接的光电编码器测量位移、引伸计测量标距内试样变形。创建好实验方法就能按照要求的控制方式、加载速度、采样频率完成实验，也能给出所要结果。组成单元详细参见扭转试验机相关内容，拉/压载荷测量单元和变形测量单元与扭矩测量单元相同，位移测量单元与扭角测量单元相同。

图 4-8　计算机控制的电子万能试验机

四、操作步骤

1）打开主机电源和计算机电源。

2）进入试验机操作系统。

3）打开系统左上角的启动和联机。

4）打开实验方法模块。创建实验方法，确定是拉伸/压缩、是否用引伸计、实验速度、显示选项（载荷、位移、变形、试样及对应单位）。

5）载荷零点（载荷调零必须在空载下进行）。

6）按照要求，安装好试样和引伸计（需要时）。对拉伸试验，夹持长度不小于夹块的4/5，夹持部分放好后加紧夹块；对压缩或弯曲试验，把试样安装于专用夹具上即可。根据需要，升降横梁至合适位置。

7）位移和变形调零。

8）点击开始按钮，实验正式开始。注意一般情况下绿色三角形为实验开始按钮，红色方形为实验结束停止按钮，黄色双竖杠为实验暂停按钮。

9）实验结束，按实验结束停止按钮。取下试样，一切恢复初始状态。

10）切断电源，搞好卫生。

五、注意事项

1）务必注意安全，一切行动听指挥，提前做好预习。

2）横梁快速移动手控盒有上、下、停三个按钮，选择移动方向（指示灯亮），顺时针转动控制盒上电位器旋钮，横梁就会按照选择方向移动。一旦停止，要重新选方向和旋转电位器，横梁才能移动。

3）若遇紧急情况，务必及时按下主机上的红色急停按钮，断开总电源。

第四节　计算机控制的扭转试验机

扭转试验机是对金属或非金属材料及零部件施加扭矩的专用设备，用于材料的扭转力学特性试验，如材料扭转破坏、扭转切变模量、多步骤扭矩加载试验。配上扭角仪还可测量切变模量、规定非比例扭转应力。国内普遍使用的是 NWS 系列扭转试验机，如图 4-9 所示，

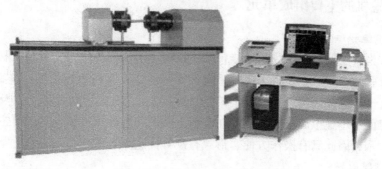

图 4-9　计算机控制的扭转试验机

它采用 ACservo（交流伺服电机）加载系统，配精密减速机，响应快，传动平稳，控制精度高。增量式双闭环控制技术，可进行扭矩、扭角、变形三闭环控制。速度无级可调，可设置多段试验速度。自动跟踪测量扭矩、扭角、力值。

一、构造原理

计算机控制的扭转试验机结构原理如图 4-10 所示，工作指令由计算机给出，通过交流伺服调速系统控制交流电机的转速和转向，拖动摆线针轮减速机，传递到主轴箱与动夹头和试样一起旋转，试验件另一端的静夹头是静止不转动的，从而给试样施加了扭转载荷。装配于静夹头的扭矩传感器和装配于动夹头的光电编码器分别输出扭矩信号和扭角信号，经测量系统放大和 A/D 转换处理，结果反映在计算机的显示器上，并绘制出相应的扭矩－扭角曲线（$T-\Phi$）。其工作界面友好，易于观察和操作，实现计算的自动控制。

静止夹头能在底座导轨上自由移动，用于调整试验空间，也能随试样的轴向变形而移动，避免产生轴向附加力。

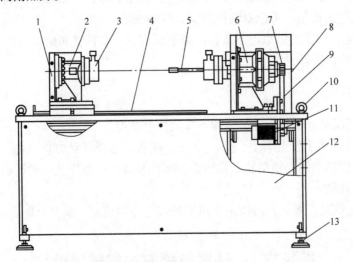

图 4-10　扭转试验机结构原理图

1—尾座　2—扭矩传感器　3—夹具　4—底座直线导轨　5—试样　6—减速机　7—同步带轮
8—减速机罩　9—同步皮带　10—吊环　11—伺服电机　12—机架　13—地脚

二、试验机的主要组成单元

1. 计算机单元

计算机作为智能处理器其主要功能包括：扭矩、扭角、转速的测量和控制，转换计算及显示，包括试验过程中对扭矩最大值的采集、保持；并具有扭矩超限和试样破断保护功能。在计算机主板上插有两块扩展卡，由计算机控制实现对主机的转动、停止以及对转速的无级调速。操作界面采用虚拟面板的形式，在电脑上显示各种操作提示，实现对主机的控制及各测量参数的显示，因此具有操作方便、形式直观等优点。

2. 扭矩测量单元

该单元由扭矩传感器、测量放大器、振荡器、衰减网络、相敏解调电路及滤波电路组成。放大电路采用直流放大器。

3. 扭角测量单元

该单元采用无触点光电检测技术，由光电编码器检测输出脉冲后给计算机进行计数、计算，在显示器上显示结果。

4. 交流调速单元

该单元由伺服电机作为动力源，对主轴无级调速。该系统具有过流、失控、超温、过压自动保护功能。在启动按键有效时，可通过调节调速按钮设定转速。

三、操作步骤

1）打开主机电源和计算机电源。

2）进入试验机操作系统。

3）打开系统左上角的启动和联机。

4）打开实验方法模块。创建实验方法，确定转动方向、是否用扭角仪、实验速度、显示选项（扭矩、扭角、时间及对应单位）。

5）载荷零点（载荷调零必须在空载下进行）。

6）按照要求，安装好试样和扭角仪（需要时）。根据需要，移动静夹头至合适位置。旋转螺钉将滑块调到适当的位置，选择合适的定位套，放入两夹头内。

7）将试样一端装入静夹头，旋紧螺钉，对试样进行初紧，推动尾座到适当位置。

8）设定转速，按"正转"或"反转"按钮转动主动夹头到合适位置（即与静夹头处于同一角度位置），将试样另一端装入动夹头，旋紧螺钉，试样两端交替进行，最终将试样夹紧。

9）扭角调零。

10）点击开始按钮实验正式开始。注意一般情况下绿色三角形为实验开始按钮，红色方形为实验结束停止按钮，黄色双竖杠为实验暂停按钮。

11）实验结束，按实验结束停止钮。取下试样，一切恢复初始状态。

12）切断电源，搞好卫生。

四、注意事项

1）务必注意安全，一切行动听指挥，提前做好预习。

2）动夹头手控盒有左旋转、右旋转、停止三个按钮，选择转动方向（指示灯亮），顺时针转动控制盒上电位器旋钮，动夹头就会按照选择方向旋转。一旦停止，要重新选方向和旋转电位器，动夹头才能继续转动。

3）若遇紧急情况，务必及时按下主机上的红色急停按钮，断开总电源。

第五节　疲劳试验机

一、纯弯曲疲劳试验机

纯弯曲疲劳试验机的构造示意图如图 4-11 所示。试样 4 的两端被夹紧在两个空心轴 1

中。这样，两个空心轴与试样构成一个整体，支撑在两个滚珠轴承 3 上。利用电动机 5，通过软轴 6 使这个整体转动。横杆 8 挂在滚珠轴承 2 上，处于静止状体。在横杆中央的砝码盘上放置砝码 9，以使试样中段产生纯弯曲变形（图 4-12）。试样转动次数可由转数计 7 读出。

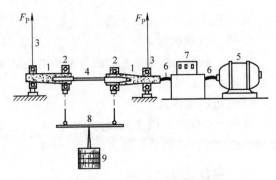

图 4-11　纯弯曲疲劳试验机
1—空心轴　2、3—滚珠轴承　4—试样　5—电动机
6—软轴　7—转数计　8—横杆　9—砝码

二、悬臂式旋转疲劳试验机

试验机的构造示意图如图 4-13 所示。此种试验机可同时安装两根试样进行实验。试样 1 的一端被夹紧在空心轴 4 中。空心轴安置在两个滚珠轴承 7 的支座上。利用电动机（图 4-13 中未示出）带动带轮 6，使空心轴与试样一起旋转。在试样的自由端套有一小轴承 2，其上悬挂砝码盘，处于静止状态。砝码盘上放置砝码 3，使试样产生弯曲变形（图 4-14）。试样的自由端与转数计 5 相连，由此可以读出试样的转动次数。

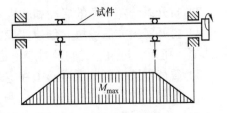

图 4-12　纯弯曲疲劳试验弯矩图

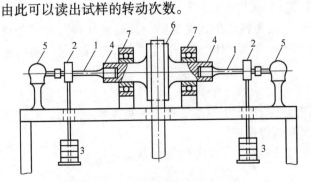

图 4-13　悬臂式旋转疲劳试验机
1—试样　2—小轴承　3—砝码　4—空心轴
5—转数计　6—带轮　7—滚珠轴承

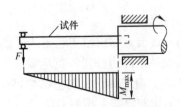

图 4-14　悬臂式旋转疲劳试验弯矩图

三、电液伺服疲劳试验机

电液伺服疲劳试验机是利用电液伺服阀控制给试样加载的一种动静态专用设备，其性能稳定可靠，自动化程度高。它具有载荷、位移、应变三种控制模式，可实现正弦波、三角波及方波程序加载和随机疲劳加载。对于频率在 0～50Hz 的循环加载，电液伺服疲劳试验机最为理想。它集中了电子、自动控制、液压机械和计算机技术，适用于多种或复杂性实验方案的实施，实现了实验方法柔性设计和实验操作的程序化、自动化。目前，国内在用电液伺服疲劳试验机有 PWS 系列、INSTRON 系列和 MTS 系列等。各种类别的电液伺服疲劳试验机型号和结构不尽相同，但其工作原理和操作方法都基本相同。图 4-15 是 INSTRON 8872 型电液伺服疲劳试验机的外形，该机载荷范围 ±25kN，工作频率 0～50Hz，作动器行程 ±50mm，

并配专用变形传感器。

　　该机的加载系统是试验机的核心部分，由工作台、立柱、横梁组成门式承力框架。液压源供给高压油经伺服阀（本机装在横梁上方）进入作动器，推动活塞移动，给试样加载。

　　图 4-16 ~ 图 4-18 给出了国内常用的几种电液伺服疲劳试验机的外形结构。

　　测量系统由力传感器、变形传感器、位移传感器及相应的放大器组成，用以测量载荷、变形和位移的大小并将信号送给控制系统。

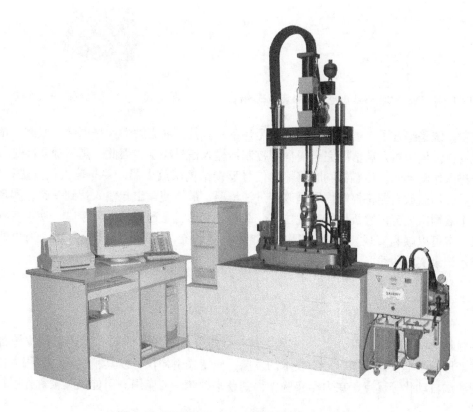

图 4-15　INSTRON 8872 型电液伺服疲劳试验机

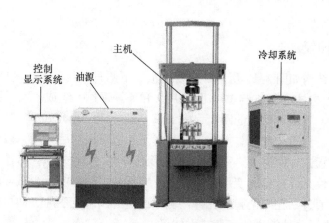

图 4-16　PWS 型电液伺服疲劳试验机

图 4-17　INSTRON 8803 型电液伺服疲劳试验机　　图 4-18　GPS 型高频疲劳试验机

控制系统是综合了机、电、液技术的闭环系统。其中的心脏部件是电液伺服阀，指挥中心是计算机。伺服阀开启情况完全受伺服控制器输入信号决定。因此，高压油实际是按照控制指令进入作动器的。传感器同时将输出信号反馈给伺服放大器，并与输入信息进行比较。如有差异，伺服放大器将控制伺服阀改变进油情况，最终使输出与输入达到一致，实现闭环控制。电液伺服疲劳试验机均能实现位移、载荷、变形三个通道的闭环控制，使得各种复杂的加载方案可以顺利实现。计算机配有智能化软件系统，用来设计实验方法、采集处理数据，显示记录实验曲线。

第六节　引　伸　仪

在材料力学实验中，百分表（或千分表）引伸仪、杠杆引伸仪、镜式引伸仪等都是测量试样变形的基本仪器。随着科学技术的发展，应变式引伸仪，以其精度高、使用方便、易于实现测试自动化等优点，在力学实验中得到越来越广泛的应用。引伸仪又被称作引伸计或位移计。

应变式引伸仪按其功能可分为轴向引伸仪、径向引伸仪和双向引伸仪等。现就前两种引伸仪作简要的介绍。

一、轴向引伸仪

轴向引伸仪的结构如图 4-19 所示，主要由上、下两只夹具和左、右两个弓形卡所组成。每只夹具由基板 7、左右刀架 6 与 10、圆刀片 9 和弹簧钢丝 5 组成。两只圆刀片与钢丝对试样形成三点夹持。上下圆刀片间的距离代表了试样的标距，由定位尺 11 来定位。上下夹具对试样夹持完毕后，标距尺取下。左右刀架相对于基板可做前后移动，以满足夹持不同直径圆试样和不同厚度板试样的需要。弓形卡由矩形刀刃 1、刚性臂 2、弹性元件 3 和保护罩 4 组成。弓形卡靠弹性元件自身的变形力卡在上下夹具的刀架槽内。当试样轴向变形时，弹性元件也随之变形，通过贴在两个弹性元件两侧平面内的四个应变片，即可测出试样的轴向变形量。图 4-20 给出了几种常用的应变式引伸仪。

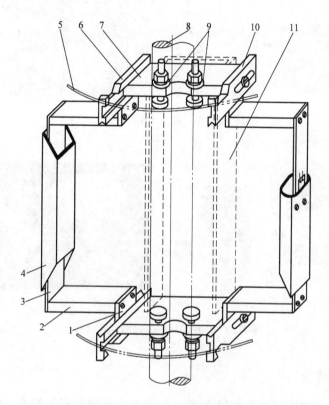

图 4-19　轴向引伸仪结构原理图

1—矩形刀刃　2—刚性臂　3—弹性元件　4—保护罩　5—弹簧钢丝　6—左刀架　7—基板
8—试样　9—圆刀片　10—右刀架　11—定位尺

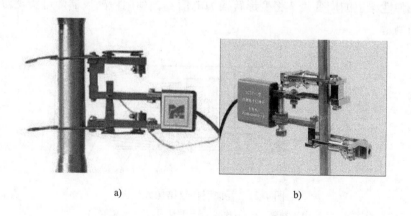

a)　　　　　　　　　　　　　　　　b)

图 4-20　几种常用应变式引伸仪

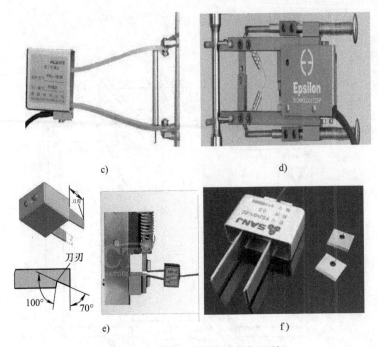

图4-20 几种常用应变式引伸仪（续）

二、径向引伸仪

径向引伸仪的结构原理如图4-21所示，它由上、下两根扁担组成。每根扁担由刀片架2、矩形刀片3、导轨1、保护罩6和弹性梁5等组成。两个锁钩4将两根扁担端点的上下距离用刀刃约束住，彼此间形成铰支承。试样8安装在上、下扁担中间的两个刀刃之间，依靠弹性梁的变形反力将试样夹紧。试样直径变化时，上下刀刃做相对平移，弹性梁的变形发生改变，贴在弹性梁上的应变片7将变形转换为电信号，利用检测仪器即可实现对试样直径或厚度变化的测量。

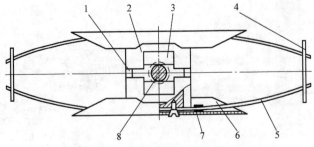

图4-21 径向引伸仪结构原理图

1—导轨 2—刀片架 3—矩形刀片 4—锁钩
5—弹性梁 6—保护罩 7—应变片 8—试样

附 录

附录 A / 实验数据的直线拟合

在科学实验中，常会遇到两个相关物理量接近于直线的关系。如弹性阶段应力与应变间的关系，力传感器的力与电桥输出信号间的关系等。整理这些实验数据时，最简单的办法是根据实验点的数据拟合成近似的直线方程

$$\hat{y} = a + bx \tag{A-1}$$

该方法通常称为直线拟合。常用的直线拟合方法有以下两种。

一、端直法

将测量数据中的两个端点值，即始点和终点测量值（x_1，y_1）和（x_n，y_n）代入式（A-1）中可得出

$$\begin{cases} y_1 = a + bx_1 \\ y_n = a + bx_n \end{cases}$$

解以上联立方程可得出

$$\begin{cases} b = \dfrac{y_n - y_1}{x_n - x_1} \\ a = y_n - bx_n \end{cases}$$

把所得 a、b 值代入式（A-1），即得到端直法拟合的直线方程。

二、最小二乘法

设测试物理量为 x_1，x_2，$\cdots$，x_n，与其相对应的测试物理量为 y_1，y_2，$\cdots$，y_n。诸实验点的拟合直线方程为

$$\hat{y} = a + bx$$

显然，$\hat{y}_i$ 与 y_i 不完全相同，两者存在差值（见图 A-1）。

$$\delta_i = y_i - \hat{y}_i = y_i - (a + bx_i) \qquad (i = 1, 2, \cdots, n)$$

最小二乘法指出，最佳的拟合直线是能使各测试值同直线的偏差平方和 $\sum\limits_i \delta_i^2$ 为最小的一条直线。根据最小二乘法原理，所谓偏差平方和最小，即

$$Q = \sum_i (\delta_i)^2 = \sum_i [y_i - (a + bx_i)]^2 = \min \qquad (i = 1, 2, \cdots, n)$$

利用

$$\begin{cases} \dfrac{\partial Q}{\partial a} = -2\sum_i \left[y_i - (a + bx_i) \right] = 0 \\ \dfrac{\partial Q}{\partial b} = -2\sum_i x_i \left[(y_i - (a + bx_i)) \right] \end{cases}$$

经整理后得

$$\begin{cases} na + (\sum x_i)b = \sum y_i \\ (\sum x_i)a + (\sum x_i^2)b = \sum x_i y_i \end{cases}$$

由上式解得

$$\begin{cases} a = \dfrac{\sum y_i \sum x_i^2 - \sum x_i \sum x_i y_i}{n\sum x_i^2 - (\sum x_i)^2} \\ b = \dfrac{n\sum x_i y_i - \sum x_i \sum y_i}{n\sum x_i^2 - (\sum x_i)^2} \end{cases}$$

把以上结果代入式（A-1），即得用最小二乘法拟合的直线方程。

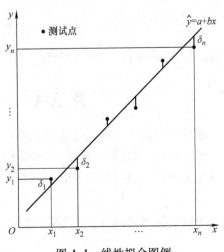

图 A-1　线性拟合图例

附录 B　有效数字的确定及运算规则

在实验中，只有按有效数字记录数据和给出计算结果才是科学的。使用机器、仪器和量具时，除了要直接从度盘上读出最小分度值外还应尽可能地读出最小分度值后面一位的估计值（注意只要一位）。例如用百分表测位移时，由表盘上读得 0.254mm，百分表的最小分度值（精度）为 0.01mm，这表明在测量时百分表的大针在度盘上移动了 25 个格还多一些，其中 0.004mm 即为估计值，0.25mm 即为可靠值。这种由可靠值和末位估计值组成的数字即为有效数字。由此看来，有效数字取决于机器、仪器、量具的精度，不能随意增减。

在实验中由于测得数据的有效数字各不相同，所以在处理数据时必须严格按照有效数字的运算规则决定取舍。

1）对有效数字后面的第一位数字应当按"四舍、六入、五单双"的规则处理。根据上述规则，若保留数字后面的第一位数小于 5 时，则应舍弃。若保留数字后面的第一位数大于或等于 6 时，则应在保留数字的最后一位数上加 1。若保留数字后面的第一位数是 5，而且在 5 的后面没有其他数字时，当保留数字的最后一位为奇数时，则应在此数字上加 1，如果是偶数则保持不变。如果保留数字后面的第一位数是 5，而且在 5 的后面还有不为零的数，则应在保留数字的最后一位数上加 1。例如：计算拉伸试样的面积，根据技术条件只需四位有效数字即可满足要求。由计算得五个试样的面积分别为 A_1、A_2、A_3、A_4、A_5，按照确定有效数字的规则，它们的面积应为 A_1'、A_2'、A_3'、A_4'、A_5'，具体数字见表 B-1。

表　B-1

i	1	2	3	4	5
A_i/mm^2	78.4448	78.4367	78.435	78.445	78.4453
A_i'/mm^2	78.44	78.44	78.44	78.44	78.45

2）几个数相加（或相减）时，其和（或其差）在小数后面所保留的位数应与几个数中小数点后面位数最少的相同。例如

$$53.1 + 15.21 + 3.134 = 71.4$$

3）求四个数或四个数以上的平均值时，计算结果的有效数字位数要增加一位。例如

$$\frac{1}{4}(23.4 + 25.6 + 28.7 + 25.98) = 25.92$$

4）几个数相乘（或相除）时，其积（或商）的有效数字位数，应与几个数中位数最少的相同。例如

$$36.2 \times 6.825 = 247$$

5）常数以及无理数（如 π、$\sqrt{2}$ 等）参与运算，不影响结果的有效数字位数。在运算时这些数的有效数字位数只需与其他数中有效字位数最少的相同就够了。例如：测得一拉伸试样的直径为 10.02mm，则该试样的横截面面积为

$$A = \left[\pi \times \frac{1}{4}(10.02)^2 \right] \text{mm}^2 = \left[3.142 \times \frac{1}{4}(10.02)^2 \right] \text{mm}^2 = 78.86 \text{mm}^2$$

附录 C　实验测量的误差传递

一、误差传递

把需要通过实验测量获得物理量的方法分为直接测量法和间接测量法。

直接测量法是将被测物理量直接与所选定的度量单位进行比较得出测量结果的方法，如将试样的长度与 1m 进行比较，得出的米数等。间接测量法则是根据各物理量间已有的函数关系，通过一些直接测量值来计算出测量结果的方法，如通过载荷的大小和截面积计算出算应力（载荷除以截面积）等。

一个实验系统由许多环节和测量仪器构成，实验结果受到系统各环节测量精度的影响，即实验结果误差是各个测量值误差的函数。从数学上归纳为已知自变量的误差求函数误差的问题。

反之已知（或者要求）间接测量值的误差，即实验结果的误差，求各直接测量值的最大容许误差，归纳为已知函数的误差求各自变量的容许误差。

综上把实验测量系统误差总结为两类问题：一类问题是已知各直接测量值的误差，求实验结果的误差；另一类问题则是已知（要求或规定的误差）实验结果的误差，求各直接测量值的误差。

1. 已知各直接测量值的误差，求实验结果的误差

设间接测量值 Z 与直接测量值 $X_1, X_2, \cdots, X_n$，存在函数关系如下：

$$Z = f(X_1, X_2, \cdots, X_n)$$

令 $\mathrm{d}X_1, \mathrm{d}X_2, \cdots, \mathrm{d}X_n$ 分别表示 $X_1, X_2, \cdots, X_n$ 的误差，$\mathrm{d}Z$ 表示由 $\mathrm{d}X_1, \mathrm{d}X_2, \cdots, \mathrm{d}X_n$ 引起的 Z 的误差。存在函数关系如下：

$$Z + \mathrm{d}Z = f(X_1 + \mathrm{d}X_1, X_2 + \mathrm{d}X_2, \cdots, X_n + \mathrm{d}X_n)$$

将上式右端按照泰勒级数展开，并忽略高阶微量，可得

$$f(X_1 + \mathrm{d}X_1, X_2 + \mathrm{d}X_2, \cdots, X_n + \mathrm{d}X_n)$$

$$= f(X_1, X_2, \cdots, X_n) + \left(\frac{\partial f}{\partial X_1} \mathrm{d}X_1 + \frac{\partial f}{\partial X_2} \mathrm{d}X_2 + \cdots + \frac{\partial f}{\partial X_n} \mathrm{d}X_n \right)$$

联立以上三式可得

$$\mathrm{d}Z = \frac{\partial f}{\partial X_1} \mathrm{d}X_1 + \frac{\partial f}{\partial X_2} \mathrm{d}X_2 + \cdots + \frac{\partial f}{\partial X_n} \mathrm{d}X_n \tag{C-1}$$

式（C-1）是函数 $Z = f(X_1, X_2, \cdots, X_n)$ 的全微分，称为误差传递的一般公式。

Z 的最大误差为

$$\mathrm{d}Z = \left| \frac{\partial f}{\partial X_1} \mathrm{d}X_1 \right| + \left| \frac{\partial f}{\partial X_2} \mathrm{d}X_2 \right| + \cdots + \left| \frac{\partial f}{\partial X_n} \mathrm{d}X_n \right| \tag{C-2}$$

如果分别对 $X_1, X_2, \cdots, X_n$ 进行 M 次测量，则第 i 次测量的误差为

$$\mathrm{d}Z_i = \frac{\partial f}{\partial X_1} \mathrm{d}X_{1i} + \frac{\partial f}{\partial X_2} \mathrm{d}X_{2i} + \cdots + \frac{\partial f}{\partial X_n} \mathrm{d}X_{ni}$$

将 M 次测量结果两边平方后求和，由于正负误差出现的概率相等，当 M 足够大时，有 $\sum_{j \neq k} \mathrm{d}X_{ji} X_{ki} = 0$，那么

$$\sum_{i=0}^{M} \mathrm{d}Z_i^2 = \left(\frac{\partial f}{\partial X_1} \right)^2 \sum_{i=0}^{M} \mathrm{d}X_1^2 + \left(\frac{\partial f}{\partial X_2} \right)^2 \sum_{i=0}^{M} \mathrm{d}X_2^2 + \cdots + \left(\frac{\partial f}{\partial X_n} \right)^2 \sum_{i=0}^{M} \mathrm{d}X_n^2$$

等式两边同时除以 M，开方后得到标准差为

$$S_Z = \sqrt{ \left(\frac{\partial f}{\partial X_1} \right)^2 S_1^2 + \left(\frac{\partial f}{\partial X_2} \right)^2 S_2^2 + \cdots + \left(\frac{\partial f}{\partial X_n} \right)^2 S_n^2 } \tag{C-3}$$

式（C-3）两侧同时除以 Z，得到相对标准误差为

$$\frac{S_Z}{Z} = \frac{\sqrt{ \left(\frac{\partial f}{\partial X_1} \right)^2 S_1^2 + \left(\frac{\partial f}{\partial X_2} \right)^2 S_2^2 + \cdots + \left(\frac{\partial f}{\partial X_n} \right)^2 S_n^2 }}{Z} \tag{C-4}$$

已知函数 f 和直接测量值的标准误差，可以分别通过式（C-3）、式（C-4）求出函数（间接测量值）的标准误差及相对标准误差。

（1）函数是各自变量代数和的情况　如果有

$$Z = X_1 + X_2 + \cdots + X_n$$

那么

$$S_Z = \sqrt{S_1^2 + S_2^2 + \cdots + S_n^2}$$

说明如果函数是自变量的代数和，那么偶然误差遵循几何平均法则。

（2）函数是各自变量乘除运算情况　如果有

$$Z = X_1 X_2 \cdots X_n$$

$$\frac{\partial f}{X_1} = X_2 X_3 \cdots X_n, \frac{\partial f}{X_2} = X_1 X_3 \cdots X_n, \cdots$$

或者写为

$$\frac{\partial f}{X_1} = \frac{Z}{X_1}, \frac{\partial f}{X_2} = \frac{Z}{X_2}, \cdots, \frac{\partial f}{X_n} = \frac{Z}{X_n}$$

那么

$$S_Z = \sqrt{ \left(\frac{Z}{X_1} \right)^2 S_1^2 + \left(\frac{Z}{X_2} \right)^2 S_2^2 + \cdots + \left(\frac{Z}{X_n} \right)^2 S_n^2 } \tag{C-5}$$

相对标准误差为

$$\frac{S_Z}{Z} = \sqrt{\left(\frac{S_1}{X_1}\right)^2 + \left(\frac{S_2}{X_2}\right)^2 + \cdots + \left(\frac{S_n}{X_n}\right)^2} \tag{C-6}$$

例题 1　如图 C-1 所示，已知一受力杠杆长度为 l，合力作用点 B 距离左端作用点 A 的距离为 a。若合力大小为 P，则根据杠杆原理可知，杠杆右端作用点 C 的分力 $Q_2 = Pa/l$。若 a、l 的相对标准误差分别为 $S_l/l = S_a/a = \pm 0.5\%$（暂不考虑载荷 P 的误差），试求由杠杆孔距 a 和 l 的误差引起的 Q_2 的误差。

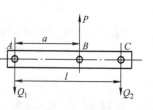

图 C-1　三孔杆件

解：因 $Q_2 = Pa/l$，根据标准误差传递公式

$$S_{Q_2} = \sqrt{\left(\frac{\partial Q_2}{\partial a}\right)^2 S_a^2 + \left(\frac{\partial Q_2}{\partial l}\right)^2 S_l^2}$$

将偏导数 $\dfrac{\partial Q_2}{\partial a} = \dfrac{a}{l}$、$\dfrac{\partial Q_2}{\partial l} = -\dfrac{Pa}{l^2}$ 和标准误差 $S_a = \pm 0.5\%a$、$S_l = \pm 0.5\%l$ 代入上式有

$$S_{Q_2} = \sqrt{\frac{P^2 a^2}{l^2}(0.5\%)^2 + \frac{P^2 a^2}{l^2}(0.5\%)^2} = \sqrt{Q_2^2(0.5\%)^2 + Q_2^2(0.5\%)^2}$$

$$S_{Q_2} = 0.005\sqrt{2}\,Q_2$$

2. 规定实验结果的误差，求各直接测量值的误差

为了保证实验结果的精度，必须通过直接测量精度和传递函数来实现误差的控制。因此，工程实验人员可以通过选择仪器设备精度、测量手段与方法来达到对测量结果的误差要求。

显而易见，这个问题是误差的逆运算，它对选择实验仪器、实验方法和给定函数误差的控制具有指导意义。给定函数误差的允许值后，各个直接测量值的误差能以不同的形式进行组合，应用式（C-1）来解决比较困难。简便的方法是，按照误差等效传递原理即认为各直接测量值的误差对函数（间接测量值）误差的影响相等来解决，即

$$\frac{\partial f}{\partial X_1}\mathrm{d}X_1 = \frac{\partial f}{\partial X_2}\mathrm{d}X_2 = \cdots = \frac{\partial f}{\partial X_n}\mathrm{d}X_n = \frac{\mathrm{d}Z}{n} \tag{C-7}$$

因此

$$\mathrm{d}X_1 = \frac{\mathrm{d}Z}{n\dfrac{\partial f}{\partial X_1}},\ \mathrm{d}X_2 = \frac{\mathrm{d}Z}{n\dfrac{\partial f}{\partial X_2}},\ \cdots,\ \mathrm{d}X_n = \frac{\mathrm{d}Z}{n\dfrac{\partial f}{\partial X_n}} \tag{C-8}$$

根据标准误差计算公式，可知

$$S_Z = \sqrt{\left(\frac{\partial f}{\partial X_1}\right)^2 S_1^2 + \left(\frac{\partial f}{\partial X_2}\right)^2 S_2^2 + \cdots + \left(\frac{\partial f}{\partial X_n}\right)^2 S_n^2}$$

$$= \sqrt{n\left(\frac{\partial f}{\partial X_i}\right)^2 S_i^2} = \sqrt{n}\left(\frac{\partial f}{\partial X_i}\right)S_i \tag{C-9}$$

有

$$S_1 = \frac{S_Z}{\sqrt{n}\left(\dfrac{\partial f}{\partial X_1}\right)},\ S_2 = \frac{S_Z}{\sqrt{n}\left(\dfrac{\partial f}{\partial X_2}\right)},\ \cdots,\ S_n = \frac{S_Z}{\sqrt{n}\left(\dfrac{\partial f}{\partial X_n}\right)}$$

即

$$S_i = \frac{S_Z}{\sqrt{n}\left(\frac{\partial f}{\partial X_i}\right)} \tag{C-10}$$

因此各自变量的相对标准误差可表示为

$$\frac{S_i}{X_i} = \frac{S_Z}{\sqrt{n}\left(\frac{\partial f}{\partial X_i}\right)X_i} \tag{C-11}$$

例题2 已知一悬臂梁的长度为 l，自由端施加集中力 P。梁的截面是高为 h、宽为 b 的矩形，如图 C-2 所示。根据应力计算公式，可知 $\sigma = \dfrac{M}{W} = \dfrac{6Pl}{bh^2}$。现要求应力 σ 的误差在 1% 以内，试求 P、l、h 和 b 能允许的误差。

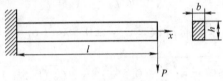

图 C-2 悬臂梁

解：

$$\sigma = \frac{M}{W} = \frac{6Pl}{bh^2} = f(P,l,h,b) = Z$$

可知 $n = 4$，所以

$$\frac{\partial f}{\partial P} = \frac{6l}{bh^2} = \frac{\sigma}{P}, \quad \frac{\partial f}{\partial l} = \frac{6P}{bh^2} = \frac{\sigma}{l}$$

$$\frac{\partial f}{\partial b} = -\frac{6Pl}{b^2 h^2} = -\frac{\sigma}{b}, \quad \frac{\partial f}{\partial h} = -\frac{12P}{bh^3} = -\frac{2\sigma}{h}$$

已知 $S_\sigma = \pm 0.01\sigma$，那么有

$$S_P = \frac{S_\sigma}{\sqrt{n}\left(\frac{\partial f}{\partial X_P}\right)} = \frac{\pm 0.01\sigma}{\sqrt{4}\frac{\sigma}{P}} = \pm 0.005P$$

$$S_l = \frac{S_\sigma}{\sqrt{n}\left(\frac{\partial f}{\partial X_l}\right)} = \frac{\pm 0.01\sigma}{\sqrt{4}\frac{\sigma}{l}} = \pm 0.005l$$

$$S_b = \frac{S_\sigma}{\sqrt{n}\left(\frac{\partial f}{\partial X_b}\right)} = \frac{\pm 0.01\sigma}{-\sqrt{4}\frac{\sigma}{b}} = \mp 0.005b$$

$$S_h = \frac{S_\sigma}{\sqrt{n}\left(\frac{\partial f}{\partial X_h}\right)} = \frac{\pm 0.01\sigma}{-\sqrt{4}\frac{2\sigma}{h}} = \mp 0.0025h$$

即相对标准误差为

$$\frac{S_P}{P} = \pm 0.005, \quad \frac{S_l}{l} = \pm 0.005$$

$$\frac{S_b}{b} = \pm 0.005, \quad \frac{S_h}{h} = \pm 0.0025$$

二、可疑数据的剔除

在一组实验数据中，经常会遇到个别测量值与其他大多数测量值相差较大的情况，这些个别测量值就是可疑测量值。对这种可疑数值，既不能不加分析地一概保留，也不能随便地按照主观判断随意舍弃，而是应认真地进行分析判断，找出明确原因，然后决定是否剔除。

一组实验数据 x_1，x_2，$\cdots$，x_n，一般的统计计算为：

平均值

$$\overline{x} = \frac{1}{n}\sum_1^n x_i \tag{C-12}$$

标准差

$$S = \sqrt{\frac{\sum (x_i - \overline{x})^2}{n - 1}} \tag{C-13}$$

变异系数

$$C_V = \frac{S}{\overline{x}} \tag{C-14}$$

算数平均值标准差

$$S_{\overline{x}} = \sqrt{\frac{\sum (x_i - \overline{x})^2}{n(n - 1)}} \tag{C-15}$$

1. 拉依达准则（$3S$ 准则）

一般认为，随机误差服从正态分布，误差小于 $3S$ 的数据有 99.7%，而误差不小于 $3S$ 的测量数据出现的概率仅为 0.3%。认为不小于 $3S$ 的误差是粗大误差，应该予以剔除。把误差不小于 $3S$ 对应的测量数据（最大误差对应数据）剔除后，计算剩余数据平均值和标准差等，如此进行，直到满足要求为止。如果有多个超差测量数据时，一次只能且仅能剔除最大误差对应的测量值。

$3S$ 准则舍弃数据相对较少，结果精度不高。它是以测量次数充分大为前提的。在测量次数少（少于 10 次）的情况下用这个准则剔除粗大误差是不够可靠的，因此建议小子样下不用该准则。

2. 肖维纳准则

在 n 个测量数据中，若误差不小于某值 δ 可能出现的概率等于或小于 $\frac{1}{2n}$ 时，此数据应舍弃，即

$$[1 - P(\delta)] \leqslant \frac{1}{2n}$$

$$P(\delta) \geqslant 1 - \frac{1}{2n} = \frac{2n - 1}{2n} \tag{C-16}$$

这一准则又称为半次准则，即误差不小于某值 δ 的次数不能超过半次。应用时，先根据测量次数 n 算出式（C-16）右边的数值，查概率积分表 C-1 得（hx），再由 $hS = (hx)$，得

$\delta = \sqrt{2} S(hx)$，最后建立

$$\frac{\delta}{S} \geq \sqrt{2}(hx) \tag{C-17}$$

实际应用时，可直接根据 $n - \delta/S$ 关系的肖维纳准则数值表（表 C-1），由标准误差 S 值计算出 δ 值。

表 C-1 肖维纳准则数值

n	δ/S	n	δ/S	n	δ/S	n	δ/S
5	1.65	14	2.10	23	2.30	32	2.58
6	1.73	15	2.13	24	2.32	33	2.64
7	1.80	16	2.16	25	2.33	34	2.69
8	1.86	17	2.18	26	2.34	35	5.74
9	1.92	18	2.20	27	2.35	36	2.78
10	1.96	19	2.22	28	2.37	37	2.81
11	2.00	20	2.24	29	2.38	38	2.93
12	2.04	21	2.26	30	2.39	39	3.03
13	2.07	22	2.28	31	2.50	40	3.29

例题 3 某一物理量测量 10 次的结果是

$$x_1 = 45.3, \ x_2 = 47.2, \ x_3 = 46.3, \ x_4 = 48.9, \ x_5 = 46.9,$$

$$x_6 = 45.8, \ x_7 = 46.7, \ x_8 = 47.1, \ x_9 = 45.7, \ x_{10} = 45.1$$

试用以上两种剔除准则，舍去可疑数据。

解：算数平均值

$$\overline{x} = \frac{1}{n} \sum_1^n x_i = 46.5$$

标准误差

$$S = \sqrt{\frac{\sum (X_i - \overline{X})^2}{n-1}} = \sqrt{\frac{11.38}{9}} = 1.12$$

a. 3S 准则

标准误差 $S = 1.12$，因此 $3S = 3.36$。

若符合

$$|x_i - \overline{x}| > 3S$$

应舍去，而

$$\delta_{max} = |48.9 - 46.5| = 2.4 < 3.36$$

没有数据符合 $|x_i - \overline{x}| > 3S$，故数据应全部保留。

b. 肖维纳准则

当 $n = 10$ 时，查表 C-1，$\frac{\delta}{S} = 1.96$，$S = 1.12$，$\delta_{max} = 2.20$，可见数据 48.9 应舍去。

剩余 9 个数据，有 $n = 9$，则

$$\overline{x} = \frac{1}{n} \sum_1^n x_i = 46.23$$

$$S = \sqrt{\frac{\sum (X_i - \overline{X})^2}{n-1}} = 0.79$$

查表 C-1，$\dfrac{\delta}{S} = 1.92$，$S = 0.79$，允许的最大误差为 $\delta_{\max} = 1.51$，数值的最大误差为 $|45.1 - 46.23| = 1.13$。因此其余 9 个数据应全部保留。

注意，进行数据剔除时，每次只能舍弃对应误差最大的一个数据，再进行判断运算，逐次进行剔除，直到满足准则为止。

附录 D　常用材料的主要力学性能

常用材料的力学性能见表 D-1、表 D-2。

表 D-1　常用金属材料力学性能

材料		E/GPa	μ	$\sigma_{0.2}/\text{MPa}$	$\sigma_{\text{b}}/\text{MPa}$	$\delta_5(\%)$	$\psi(\%)$
名称	牌号						
普通碳素钢	Q235	210	0.28	215 ~ 315	380 ~ 470	25 ~ 27	
	Q255	210	0.28	205 ~ 235	380 ~ 470	23 ~ 24	
	Q275	210	0.28	255 ~ 275	490 ~ 600	19 ~ 21	
铸钢		210	0.30	>200	>400	20	
优质碳素钢	20	210	0.30	245	412	25	55
	35	210	0.30	314	529	20	45
	40	210	0.30	333	570	19	45
	45	210	0.30	353	598	16	40
	50	210	0.30	373	630	14	40
	65	210	0.30	412	696	10	30
合金钢	15Mn	210	0.30	245	412	25	55
	16Mn	210	0.30	280	480	19	50
	30Mn	210	0.30	314	539	20	45
	65Mn	210	0.30	412	700	11	34
	40Cr	210	0.30	785	980	9	45
	40CrNiMo	210	0.30	835	980	12	55
	30CrMnSi	210	0.30	885	1080	10	45
	30CrMnSiNi2A	210	0.30	1580	1840	12	16
	300M	210	0.30	1650	1960	12	14
	A100	210	0.30	1660	2050	12	16
	G54	210	0.30	1655	1965	12	15
灰铸铁	HT100	120	0.25		100（拉）500（压）		
	HT150	120	0.25		100（拉）500（压）		
	HT200	120	0.25		100（拉）500（压）		
	HT300	120	0.25		100（拉）500（压）		

（续）

材 料		E/GPa	μ	$\sigma_{0.2}$/MPa	σ_b/MPa	δ_5(%)	ψ(%)
名称	牌号						
球墨铸铁	QT400-18	120	0.25	250	400	17	
	QT400-15	120	0.25	270	420	10	
	QT500-7	120	0.25	420	600	2	
	QT600-3	120	0.25	490	700	2	
	QT700-2	120	0.25	560	800	2	
可锻铸铁	KTH300-06	120	0.25		300	6	
	KTH370-12	120	0.25		370	12	
	KTZ450-06	120	0.25	280	450	5	
	KTZ700-02	120	0.245	550	700	2	
铝合金	2A12	69	0.33	343	451	17	20
	7A04	71	0.33	520	580	11	
	7A09	67	0.33	480	530	14	
	2A14	70	0.33		480	19	
钛合金	TA10	110	0.36	344	485	26	52
	TB2			1100	1370		
	TC4	110	0.35	934	994	21	48
	TC18	110	0.35	1120	1505	16	24
铜合金	62 黄铜	100	0.39		360	49	
	90 黄铜	100	0.39		260	44	
	4-3 锡青铜	100	0.39		350	40	
	2 铍青铜	100	0.39		1250	4	
	1.9 铍青铜	100	0.39		1400	2	
钛 合 金		1100	0.36		1200		
红 松 木		10			98（拉）33（压）		
杉 木		10			77-98（拉）36-41（压）		
混 凝 土		14-29			25-800（压）		
非金属	橡 胶	8(MPa)	0.47				
	高密聚乙烯	414-1035		17-34	17-34		
	聚四氟乙烯	414		10-14	14-27		
	尼龙 66	1242-2760		58-78	61-82		

表 D-2　典型单向复合材料层压板的工程常数纤维体积含量和密度

材料	牌号	E_1/GPa	E_2/GPa	μ_{12}	G_{12}/GPa	V_f	ρ/(g·cm^{-3})
碳/环氧	T300/5208	181	10.3	0.28	7.17	0.70	1.60
硼/环氧	B(4)/5505	204	18.5	0.23	5.59	0.50	2.00
碳/环氧	AS/3501	138	8.96	0.30	7.10	0.66	1.60
芳轮/环氧	49/环氧	76	5.50	0.34	2.30	0.60	1.46
玻璃/环氧	斯考奇1002	38.6	8.27	0.26	4.14	0.45	1.80

附录E　材料力学性能测试常用国家标准及其适用范围

序号	标准名称	标准编号	适用范围
1	材料力学性能试验术语	GB/T 10623—2008	定义了金属材料力学性能试验中使用的术语及其物理意义
2	金属材料拉伸试验第1部分：室温试验方法	GB/T 228.1—2010	适用于金属材料室温拉伸性能的测定
3	金属材料室温压缩试验方法	GB/T 7314—2017	测定金属材料在室温下单向压缩的规定塑性压缩强度、规定总压缩强度、上压缩层量强度、下压缩屈服强度、压缩弹性模量及抗压强度
4	金属材料杨氏模量、弦线模量和切线模量测试方法（静态法）	GB/T 8653—2007	适用于室温下用静态法测定金属材料弹性状态的杨氏模量、弦线模量和切线模量
5	金属材料杨氏模量、弦线模量和切线模量测试方法（动态法）	GB/T 22315—2009	适用于室温下用动态法测定金属材料弹性状态的杨氏模量、弦线模量和切线模量以及−195~1200℃间用动力学法测定材质均匀的弹性材料的动态杨氏模量、动态切变模量以及动态泊松比的测量
6	金属材料 薄板和薄带拉伸应变硬化指数（n值）的测定	GB/T 5028—2008	塑性变形范围内应力-应变曲线呈单调连续上升的部分
7	金属材料 室温扭转试验方法	GB/T 10128—2007	适用于金属材料的室温下测定其扭转力学性能
8	金属材料 弯曲力学性能试验方法	YB/T 5349—2014 GB/T 14452—2008	适用于测定脆性断裂和低塑性断裂的金属材料一项或多项弯曲力学性能
9	金属材料 布氏硬度试验第1部分：试验方法	GB/T 231.1—2018	适用于固定式布氏硬度计和便携式布氏硬度计
10	金属材料 洛氏硬度试验第1部分：试验方法	GB/T 230.1—2018	适用于固定式和便携式洛氏硬度计
11	金属材料表面 洛氏硬度试验方法	GB/T 1818—2009	适用于金属表面洛氏硬度的测量
12	金属材料 夏比摆锤冲击试验方法	GB/T 229—2007	适用于测定金属材料在夏比冲击试验中吸收能量的方法（V形和U形缺口试样）

（续）

序号	标准名称	标准编号	适用范围
13	金属材料　夏比冲击断口测定方法	GB/T 12778—2008	适用于测定金属材料夏比冲击试样断口
14	金属材料　疲劳试验　旋转弯曲方法	GB/T 4337—2015	适用于金属材料在室温和高温空气中试样旋转弯曲的条件下进行的疲劳试验，其他环境（如腐蚀）下的旋转弯曲疲劳试验也可参照本标准执行
15	金属材料　疲劳试验　轴向力控制方法	GB/T 3075—2008	适用于圆形和矩形横截面试样的轴向力控制疲劳试验，产品构件和其他特殊形状试样的检测不包括在内
16	金属材料轴向等幅低循环疲劳试验方法	GB/T 15248—2008	适用于金属材料等截面和漏斗形试样承受轴向等幅应力或应变的低循环疲劳试验，不包括全尺寸部件、结构件的试验，适用于时间相关的非弹性应变和时间无关的非弹性应变相比较小或与之相当的温度和应变速率，允许在温度、压力、湿度、介质等环境因素下进行试验，但这些因素在整个试验过程中应保持恒定
17	金属材料　疲劳试验　疲劳裂纹扩展方法	GB/T 6398—2017	适用于测量各向同性的金属材料在线弹性应力为主、并仅有垂直于裂纹面的作用力（Ⅰ型应力条件）和固定应力比 R 条件下的裂纹扩展速率
18	金属材料平面应变断裂韧度 K_{IC} 试验方法	GB/T 4161—2007	规定了缺口预制疲劳裂纹试样在承受缓慢增加裂纹位移力时测定均匀金属材料平面应变断裂韧度的方法
19	金属材料　表面裂纹拉伸试样断裂韧度试验方法	GB/T 7732—2008	适用于具有半椭圆或部分圆形表面裂纹的金属材料矩形横截面拉伸试样
20	金属材料　准静态断裂韧度的统一试验方法	GB/T 21143—2007	规定了均匀金属材料在承受准静态加载时断裂切度、裂纹尖端张开位移、J 积分和阻力曲线的试验方法。试样有缺口，采用疲劳的方法预制裂纹，在缓慢增加位移量的条件下进行试验
21	塑料　拉伸性能的测定第 1 部分：总则	GB/T 1040.1—2018	适用于研究试样的拉伸性能及规定条件下测定拉伸强度、拉伸模量和其他方面的拉伸应力/应变关系
22	塑料　压缩性能的测定	GB/T 1041—2008	本标准用于研究试样的压缩行为并用来测定在标准条件下压缩应力‑应变与压缩强度、压缩模量及其他特性的关系
23	塑料　弯曲性能的测定	GB/T 9341—2008	适用于下列材料： ——热塑性模塑和挤塑材料，包括填充的和增强的未填充材料以及硬质热塑性板材。 ——热固性模塑材料，包括填充和增强材料以及热固性板材
24	精细陶瓷弹性模量试验方法　弯曲法	GB/T 10700—2006	适用于精细陶瓷在室温下弹性模量的测定，其他陶瓷材料也可参照执行
25	精细陶瓷压缩强度试验方法	GB/T 8489—2006	适用于精细陶瓷室温下的压缩强度的测定，也适用于功能陶瓷室温下压缩强度的测定
26	精细陶瓷弯曲强度试验方法	GB/T 6569—2006	适用于材料开发、质量控制、性能表征以及设计数据的改进等目的
27	定向纤维增强聚合物基复合材料　拉伸性能试验方法	GB/T 3354—2014	适用于连续纤维（包括织物）增强聚合物基复合材料对称均衡层合板面内拉伸性能的测定

（续）

序号	标准名称	标准编号	适用范围
28	聚合物基复合材料纵横剪切试验方法	GB/T 3355—2014	适用于连续纤维（单向带或织物）增强聚合物基复合材料层合板纵横剪切性能的测定，适用的复合材料形式仅限于承受拉伸载荷方向为 ±45°铺层的连续纤维层合板
29	定向纤维增强聚合物基复合材料弯曲性能试验方法	GB/T 3356—2014	适用于连续纤维增强聚合物基复合材料层合板弯曲性能的测定，也适用于其他聚合物基复合材料弯曲性能的测定
30	单向纤维增强塑料平板压缩性能试验方法	GB/T 3856—2005	适用于测定单向纤维增强塑料平板顺纤维方向（0°）和垂直方向（90°）的压缩强度、弹性模量、泊松比及应力 - 应变曲线

附录 F　GB/T 228 金属材料拉伸试验方法 1987 版与 2010 版术语符号对比

序号	名称	单位	1987 版符号	2010 版符号
1	矩形横截面试样原始厚度或原始管壁厚度	mm	a_0	a_0，T^a
2	矩形试样拉断后颈缩处的最小厚度	mm	a_1	a_u
3	矩形横截面试样平行长度的原始宽度或管的纵向剖条宽度或扁丝原始宽度	mm	b_0	b_0
4	矩形试样拉断后颈缩处的最大厚度	mm	b_1	b_u
5	圆形试样平行长度部分的原始直径	mm	d_0	d_0
6	圆形试样拉断后缩颈处的最小直径	mm	d_1	d_u
7	圆管试样原始外直径	mm	D_0	D_0
8	试样平行长度	mm	L_c	L_c
9	试样原始标距	mm	L_0	L_0
10	试样拉断后的标距	mm	L_1	L_u
11	引伸计标距	mm	L_e	L_e
12	试样总长度	mm	L	L_t
13	测定无颈缩塑性伸长率 A_{wn} 的原始标距	mm	/	L'_0
14	测定无颈缩塑性伸长率 A_{wn} 的断后标距	mm	/	L'_u
15	试样平行长度部分的原始横截面积	mm²	S_0	S_0
16	试样拉断后缩颈处的最小横截面积	mm²	S_1	S_u
17	比例系数	/	/	k
18	弹性模量	GPa	/	E
19	规定非比例伸长力（试验记录或报告中应附以所测应力的脚注，例如 $F_{p0.01}$、$F_{p0.05}$、$F_{p0.2}$ 等）	N 或 kN	F_p	/
20	规定总伸长力（试验记录或报告中应附以所测应力的脚注，例如 $F_{t0.5}$）	N 或 kN	F_t	/
21	规定残余伸长力（试验记录或报告中应附以所测应力的脚注，例如 $F_{r0.2}$）	N 或 kN	F_r	/
22	屈服力	N 或 kN	F_s	/

（续）

序号	名称	单位	1987 版符号	2010 版符号
23	上屈服力	N 或 kN	F_{su}	/
24	下屈服力	N 或 kN	F_{sL}	/
25	最大力	N 或 kN	F_b	F_m
26	线材打结拉伸力	N 或 kN	F_J	/
27	规定非比例伸长应力	N/mm^2 或 MPa	σ_P	R_p
28	规定总伸长应力	N/mm^2 或 MPa	σ_t	R_t
29	规定残余伸长应力	N/mm^2 或 MPa	σ_r	R_r
30	屈服点	N/mm^2 或 MPa	σ_s	R_m
31	上屈服点	N/mm^2 或 MPa	σ_{su}	R_{eH}
32	下屈服点	N/mm^2 或 MPa	σ_{sL}	R_{eL}
33	条件屈服（塑性应变达到 0.2% 时的应力）	N/mm^2 或 MPa	$\sigma_{0.2}$	$R_{p0.2}$
34	抗拉强度	N/mm^2 或 MPa	σ_b	R_m
35	屈服点伸长率	%	δ_s	A_e
36	最大力下的总伸长率	%	δ_{gt}	A_{gt}
37	最大力下的非比例伸长率	%	δ_g	A_g
38	断后伸长率	%	δ	A
39	规定非比例伸长率	%	ε_p	A_{wn}
40	规定总伸长率	%	ε_t	A_t
41	规定残余伸长率	%	ε_r	A_r
42	断面收缩率	%	ψ	Z
43	最大力总延伸	mm	/	ΔL_m
44	断裂总延伸	mm	/	ΔL_t
45	应变速率	s^{-1}	/	$\dot{e}_{L_e}$
46	平行长度估计的应变速率	s^{-1}	/	$\dot{e}_{L_c}$
47	横梁位移速率	mm · s^{-1}	/	v_c
48	应力速率	MPa · s^{-1}	/	$\dot{R}$
49	应力-延伸率曲线在给定试验时刻的斜率	MPa	/	m
50	应力-延伸率曲线弹性部分的斜率	MPa	/	m_E

参 考 文 献

[1] 苟文选. 材料力学 [M]. 北京：科学出版社，2017.

[2] 贾有权. 材料力学实验 [M]. 2 版. 北京：高等教育出版社，1984.

[3] 刘鸿文，吕荣坤. 材料力学实验 [M]. 2 版. 北京：高等教育出版社，1998.

[4] 金宝森，卢智先. 材料力学实验 [M]. 北京：机械工业出版社，2003.

[5] 侯德门，赵挺. 材料力学实验指导 [M]. 西安：陕西人民出版社，1993.

[6] 计欣华，邓宗白，鲁阳，等. 工程实验力学 [M]. 2 版. 北京：机械工业出版社，2012.

[7] 张明，苏小光，王妮. 力学测试技术基础 [M]. 北京：国防工业出版社，2008.

[8] 张如一，沈观林，李朝弟. 应变电测与传感器 [M]. 北京：清华大学出版社，1999.

[9] 戴福龙，沈观林，谢惠良. 实验应力分析 [M]. 北京：清华大学出版社，1999.

[10] 束德林. 工程材料力学性能 [M]. 3 版. 北京：机械工业出版社，2017.

[11] 乔生儒，张程煜，王泓. 工程材料的力学性能 [M]. 西安：西北工业大学出版社，2015.